怎样提高土杂鸡养殖效益

主　编

李慧芳　汤青萍　赵宝华

副主编

胡　艳　章双杰　束婧婷

宋　迟　贾雪波

编著者

宋卫涛　朱文奇　朱春红

徐文娟　陶志云　章　明

单艳菊　吴兆林　姬改革

刘宏祥

U0249731

金盾出版社

内容提要

本书有六章二十节，内容包括：我国土杂鸡生产概况、土杂鸡鸡场建设、土杂鸡饲料配方设计与加工调制、土杂鸡饲养管理、土杂鸡疫病防治和土杂鸡鸡场经营管理。全书内容丰富系统，技术先进实用，语言通俗易懂，叙述具体详细，可操作性强，适合土杂鸡养殖户和养殖场管理人员与技术人员学习实践，也可供农业院校相关专业师生和基层畜牧兽医人员阅读参考。

图书在版编目(CIP)数据

怎样提高土杂鸡养殖效益/李慧芳，汤青萍，赵宝华主编．—北京：金盾出版社，2014.7(2018.2 重印)
ISBN 978-7-5082-9376-9

Ⅰ.①怎… Ⅱ.①李…②汤…③赵… Ⅲ.① 鸡—饲养管理 Ⅳ.①S831.4

中国版本图书馆 CIP 数据核字(2014)第 075181 号

金盾出版社出版、总发行

北京市太平路 5 号(地铁万寿路站往南)
邮政编码：100036 电话：68214039 83219215
传真：68276683 网址：www.jdcbs.cn
封面印刷：双峰印刷装订有限公司
正文印刷：北京万博诚印刷有限公司
装订：北京万博诚印刷有限公司
各地新华书店经销
开本：850×1168 1/32 印张：5.5 字数：110 千字
2018 年 2 月第 1 版第 4 次印刷
印数：14 001～17 000 册 定价：16.00 元
(凡购买金盾出版社的图书，如有缺页、倒页、脱页者，本社发行部负责调换)

前　言
FOREWORD

　　随着我国人民生活水平的提高，人们健康饮食观念日益加强，消费者对鸡肉、鸡蛋的品质要求越来越高。土杂鸡以其优美的外观、较高的肉品质和有良好风味的土鸡蛋而获得了消费者的认可，市场需求量逐年上升。土杂鸡适应性广、抗逆性强；对生产条件要求低；饲养管理较为粗放，养殖户容易掌握养殖技术；养殖门槛低、资金周转灵活、产品高端、价格稳定。因此养殖土杂鸡是广大农村理想的致富项目。

　　本书介绍了我国当前土杂鸡生产的主要品种性能、鸡场规范建设、饲料配制、饲养管理、疫病防治等方面较为先进的实用技术，力求改变我国土杂鸡传统简单的养殖方式，以帮助广大养鸡户提高生产水平，获取较高的生产效益。

　　由于笔者水平有限，生产技术又处于不断发展和进步之中，本书难免有疏漏和不当之处，敬请广大读者批评指正。

编　著　者

第一章　我国土杂鸡生产概况

第二章　土杂鸡鸡场建设

第三章　土杂鸡饲料配方设计与加工调制

第一章 我国土杂鸡生产概况

第一节 土杂鸡概念与生产特点

一、土杂鸡的概念

土杂鸡,也叫土鸡、草鸡、笨鸡、柴鸡等。所谓土杂鸡,是相对"洋鸡"而言,泛指在传统农业生产条件下,当地长期饲养的地方鸡种或地方鸡种与肉鸡杂交的后代。与国外引进的高产配套系鸡种相比,土杂鸡通常未经系统的选育,外形美观,生产性能较低,饲养周期较长,肉、蛋品质优良。

土杂鸡另有一种通常的叫法为优质鸡。优质鸡是一个非常灵活的概念,在实践中使用比较混乱。优质鸡就是指产品优质的鸡,有时这个概念也等同于黄羽肉鸡。黄羽肉鸡按生长速度划分为快速型、中速型和慢速型。本书中谈到的土杂鸡是指 90～120 日龄上市的鸡,也就是慢速型优质鸡。

土杂鸡与普通肉鸡、蛋鸡的区别在于其"土":未经强度选育,一般不采取高密度、全程配合饲料饲养,生产性能相对较低,但肉、蛋品质良好,适于中式烹制,更符合中国人的口味。土杂鸡主要优势在于适应性广,抗逆性强,产品品质好、售价高,是当今肉鸡市场上的高端产品,主要市场为中高档餐厅,或以礼盒、活鸡等形式进入家庭消费。随着人们生活水平的提高,广大消费者对于鸡肉产品的肉质口感、安全、健康等方面的要求越来越高,因此土杂鸡的市场前景普遍看好。有代表性的土杂鸡生产品种有:文昌鸡、清远

1

麻鸡、固始鸡、大骨鸡、乌骨鸡、广西三黄鸡、北京油鸡、东乡绿壳蛋鸡、白耳黄鸡等。

二、土杂鸡生产特点

(一)品种多,性能参差不齐

现代商业品种的速生肉鸡和高产蛋鸡均经过系统的强度选育,生产性能很高,商品代群体比较整齐。而土杂鸡则不然,品种类型众多,通常未经系统的选育,适应于当地的生态环境和消费方式,因此其不同品种间生产性能差异较大。

(二)群体混杂,群体整齐度差

由于土杂鸡通常未经系统选育就用地方鸡种,或用地方鸡种与快速型肉鸡进行简单二元杂交,直接进行生产,所以群体体型外貌不一致,羽色多种多样,生产性能整齐度较差。

(三)专门化程度较低

土杂鸡生长速度较慢,产肉量较少,产蛋量不高,通常为肉蛋兼用型。饲养户可以根据市场行情灵活控制自己售卖的商品是活鸡还是蛋。另外,土杂鸡也没有严格的父母代和商品代之分,育成期结束后,选留优秀的个体留作种用,其余的都可以育肥当商品鸡售卖。

(四)生活力较强,但未经病原净化

一般而言,土杂鸡长期生活在管理粗放的条件下,其体形协调,适应性强,生活力高,抗病力强。但是,必须看到,由于土杂鸡来源相对混杂,未经严格的病原净化,鸡群携带的病原多。

（五）产品品质好

土杂鸡通常具有肉质鲜美,蛋品质较高的特点,这也是土杂鸡赖以存在和发展的根本。要保证土杂鸡品质,除选择优质土杂鸡品种外,选择适宜土杂鸡的饲养方式非常重要。目前,采取相对低的饲养密度,选择良好的养殖环境等,对于保证土杂鸡品质是非常必要的。

第二节　我国土杂鸡业生产现状和发展趋势

一、我国土杂鸡业生产现状

土杂鸡的养殖主要集中在江苏、安徽、福建、广东、广西、海南、山东、河南、湖北、新疆等省、自治区,此外吉林省也有少量养殖。2009 年土杂鸡的出栏数量为 5.5 亿只,占肉鸡总出栏数量的 5.5%。2010 年出栏数量为 5.9 亿只,也占肉鸡总出栏数量的 5.5%。可以看出,2010 年虽然土杂鸡出栏量上升了,但由于肉鸡总量同步上升,土杂鸡在肉鸡总量中的比例仍持平。

随着人民生活水平的提高,人们对鸡肉和鸡蛋的品质也提出了更高的要求,市场上更喜欢土生土长的、品质较高的土杂鸡和土鸡蛋;另外,土杂鸡也更适合于中式烹调方法(炖汤、清蒸和红烧),而且土杂鸡在售价方面也具有较明显的优势,因此价格受市场行情影响起伏较小,相对来说比较稳定。在土杂鸡养殖蓬勃发展的同时,我们也应看到当前存在的一些问题:

第一,土杂鸡品种多而杂,产品质量参差不齐,无序生产和恶性竞争情况较严重,生产不规范甚至滥竽充数的产品也一直存在。有些地方采取传统方式养殖土杂鸡,固然有利于保持土杂鸡品质,但生产效率较低。

第二，由于技术和市场的原因，部分企业过于"急功近利"，对一些知名的地方品种进行胡乱杂交选配，企图通过缩短鸡的出栏时间来获利，结果导致鸡的传统风味和肉质口感被严重破坏，最终导致一些优良地方品种鸡面临品种巨大的保存压力，也不利于整个行业的发展。

因此，土杂鸡养殖的出路在于传统饲养与现代工艺的有机结合，一般在种鸡管理、孵化、育雏、防疫和饲料配制等环节上应主动吸纳现代养鸡工艺的精华；而在优质鸡育肥、优质蛋生产等商品生产环节，则应适当采用放养等传统方式，以利于养成土杂鸡的独特品质。

二、我国土杂鸡业发展趋势

随着土杂鸡生产水平的提高和市场份额进一步的扩大，土杂鸡养殖也要向专业化和现代化过渡。

专业化是指要在我国众多的地方鸡种中筛选出生产性能优良，体型外貌更加一致，适应性更广的品种用于生产。这就要求，一方面要有目的地对本地区品种提纯复壮，选优提高；另一方面要利用现代育种知识，在保证产品品质不下降的前提下培育专门的土鸡配套系，大幅度提高其生产性能和经济效益。

现代化是指打破传统的土杂鸡生产方式，即改变千家万户把养鸡当成副业，一家仅养十几只，有什么喂什么，粗放放养的生产方式。而应把土杂鸡养殖当成一个产业，采用培育优良品种、配套养殖设施、饲喂配合饲料、严格防疫管理的现代化土杂鸡养殖技术。

当然，我们这里所讲的土杂鸡养殖专业化和现代化都是在保证土杂鸡传统品质不被破坏的前提下，进行的选育开发和养殖利用工作，要保证肉、蛋品质量，做精做细，打造肉鸡业中的优良品牌,以满足市场对优质和高档禽产品的需求。

由于饲养土杂鸡的高利润、平稳性,所以只要养殖户愿意饲养,消费者愿意购买,土杂鸡的市场份额一定会逐年上升。

第三节　饲养土杂鸡需要考虑的因素

现代肉鸡生产是集现代科技、经济和管理于一体的产业,必须用科学技术指导养鸡生产,需要有一定的经济实力作保障,在人力、物力等方面创造必要条件,融入市场营销理念,才能取得良好的养殖效益。在开始正式养殖工作之前,鸡场的经营管理者一定要综合考虑以下几点因素,然后再做出决策。

一、市场因素

鸡是商品,只有通过在市场上销售之后才能获取利润。在搞养殖之前要对本地肉杂鸡市场做一定的了解。不同地区有不同的消费习惯,香港、广东等地喜欢用1.25～1.5千克的黄鸡做白切鸡,广西、海南等地喜欢用放养的鸡煲汤,江苏和安徽等地喜欢用体型略大、青脚的鸡红烧。南方消费者喜欢母鸡,而北方消费者喜欢体型大的公鸡。农村消费者喜欢用体型大肉多的鸡做白切鸡,城市消费者更喜欢用体型小、肉质优的鸡煲汤。消费者不仅对鸡体型大小、性别有偏好,而且由于土杂鸡一般以活鸡形式销售,所以对羽毛、腿的颜色,冠的形状、颜色等表观性状也有一定的要求。因此,要根据本地区的消费习惯、市场需求,选择自己饲养鸡的类型和数量。

在养鸡之前要联系好自己的销售渠道。每一批产品出来之前,就应该联系好买家。加入养鸡合作社应该是一个很好的选择,这样可以根据订单养殖,合作社以保护价收购,可省去自己很多的麻烦。

二、品种因素

如果是初搞养殖,最好选择长速较慢的鸡种,这些品种通常适应性广、抵抗力强,对养殖条件要求相对较低。如是具备一定条件与技术的鸡场就完全可以根据市场行情选择市场需求量大,利润空间大的品种。在同一类型鸡中,要尽量选择生产性能高的品种。

商品鸡养殖周期短,对养殖技术要求也比较低,但利润相对较低。饲养种鸡养殖周期长,对养殖技术要求较高,利润较高。养殖者可根据自身的条件确定到底是饲养商品鸡还是种鸡。同一鸡场一般不饲养不同代次的鸡。父母代鸡场主要任务是饲养父母代种鸡,生产商品代鸡苗,相应可配套孵化设施,对鸡舍的设计及繁殖配种方式、饲养管理方法均有特定的要求;而商品鸡场则主要考虑怎样发挥鸡的最大生产潜力,获得最高的生产效益。

三、规模因素

到底饲养多大的规模,要根据自己的设施条件、资金周转状况、市场需求量来确定。

适当的饲养规模,对进行肉鸡生产管理和获得最佳经济效益是重要的因素。从养殖业的角度考虑,必须具有较大规模才能产生较好的效益,因为每只鸡的绝对利润不可能是很大的,需要有数量的积累,才能产生规模效益。但是,如果不进行市场、效益分析,超过自身承担风险的能力,盲目扩大规模,也是不能成功的。一般种鸡场以有上千只的规模较为适宜,饲养商品鸡则要求具有较大的规模。

四、技术因素

养鸡技术贯穿整个饲养过程,鸡是最基本的生产物资,也是最终创造价值的主体,鸡养得好不好直接决定了整个生产是盈是亏。

掌握现代肉鸡业各生产环节的关键技术,是搞好现代土杂鸡生产的先决条件。

五、生产条件

生产条件是进行肉鸡生产的基础条件,太过简陋的生产设备不能满足鸡只生长的需要。进行现代肉鸡生产必须投入足够的资金,提供必要的生产条件。

鸡场应有合理的规划和布局,修建较为规范的鸡舍。要求鸡场各功能区域有明确的划分,鸡舍具有较好的保温、通风、控制光照等性能(不同阶段的鸡对鸡舍有不同的要求,应能达到基本技术指标的要求)。如进行种鸡生产,孵化时使用较好的孵化设备是必要的。所以,一定要根据自己所具备的资金条件,合理配置生产设备。

第四节 优良土杂鸡品种生产性能介绍

我国家禽地方品种资源丰富,许多优良地方品种具有国外家禽品种所不及的优良性状,这些优良性状是育种的可贵素材,对当今养禽业的发展起了主导作用。近年来,具有特异性状的优良地方品种(如青脚鸡、麻鸡等)在我国大大小小的城市消费特别红火。本文就我国主要地方鸡种和部分黄鸡(黄羽肉鸡)配套鸡种及其利用做简要介绍。

一、地方品种

(一)文昌鸡(图1-1)

1. 产地与分布 原产地为海南省文昌市,中心产区为文昌市的潭牛镇、锦山镇、文城镇和宝芳镇,在海南省各地均有分布。

图1-1 文昌鸡

2. 外貌特征 体型紧凑、匀称,呈楔形。羽色有黄、白、黑色和芦花等。头小,喙短而弯曲,呈淡黄色或浅灰色。单冠直立,冠、肉髯呈红色。耳叶以红色居多,少数呈白色。虹彩呈橘黄色。皮肤呈白色或浅黄色。胫呈黄色。

3. 生产性能

(1)产蛋性能 平均开产日龄150～155天,500日龄产蛋数120～150个,平均蛋重44克,蛋壳浅褐色。种蛋受精率平均94.2%,受精蛋平均孵化率94.9%。平养条件下母鸡就巢性较强,笼养条件下就巢性较低。

(2)产肉性能 13周龄平均体重公鸡为1 220克、母鸡为980克。成年鸡半净膛率公鸡为82.6%、母鸡为79.2%,全净膛率公鸡为72.9%、母鸡为66.6%。

(二)广西三黄鸡(图1-2)

1. 产地与分布 原产地为广西壮族自治区桂平麻垌与江口、平南大安、岑溪糯洞、贺州信都,主产区为玉林、北流、博白、容县、

图1-2　广西三黄鸡

岑溪等市(县)，在梧州、苍梧、贵港、钦州、灵山、北海、合浦、南宁、横县等市(县)也有分布,桂林、柳州、来宾、百色、河池等市(县)有零星饲养。

2. 外貌特征　体躯短小,体态丰满。喙黄色,有的前端肉色渐向基部呈栗色。单冠直立,呈红色。耳叶呈红色。虹彩呈橘黄色。皮肤、胫呈黄色或白色。

3. 生产性能

(1)产蛋性能　平均开产日龄105天,62周龄平均产蛋数135个,平均蛋重43克,种蛋受精率90%～94%,受精蛋孵化率88%～92%,母鸡有就巢性,就巢率约20%。

(2)产肉性能　13周龄平均体重公鸡为1 275克,母鸡为960克。120日龄半净膛率公鸡为80.7%、母鸡为79.1%,全净膛率公鸡为65.9%、母鸡为64.4%。

(三)清远麻鸡(图1-3)

1. 产地与分布　原产地为广东省清远市,中心产区为清远市所属北江两岸。

图 1-3　清远麻鸡

2. 外貌特征　可概括为"一楔、二细、三麻身":"一楔"指母鸡体形呈楔形,前躯紧凑,后躯圆大;"二细"指头细、脚细;"三麻身"指母鸡背羽有麻黄、褐麻、棕麻 3 种颜色。喙呈黄色。单冠直立,呈红色。肉髯呈红色。虹彩呈橙黄色。胫、皮肤均呈黄色。

3. 生产性能

(1)产蛋性能　平均开产日龄 161 天,年产蛋数 105 个,平均蛋重 46 克,蛋壳浅褐色。种蛋平均受精率 89%～96%,受精蛋平均孵化率 90%～95%,就巢性较弱。

(2)产肉性能　13 周龄平均体重公鸡为 1 470 克、母鸡为 1 100 克。160 日龄半净膛率公鸡为 81.4%、母鸡为 80.8%,全净膛率公鸡为 64.3%、母鸡为 60.2%。

(四)固始鸡(图 1-4)

1. 主要产地与分布　原产地为河南省固始县,中心产区为固始、潢川、商城、罗山等县,安徽省霍邱、金寨等县亦有分布,现分布于全国 28 个省、自治区、直辖市。饲养量较大。

2. 外貌特征　体型中等,体态匀称,羽毛丰满,尾形分为佛手

图1-4　固始鸡

状尾和直尾两种。喙短略为弯曲,喙尖带钩,呈青黄色。单冠居多,少部分为豆冠,冠、肉髯、耳叶均呈红色。虹彩呈浅栗色。皮肤多呈白色,少数呈黑色。胫、趾呈青色。

3. 生产性能

(1)产蛋性能　开产日龄160~180天,开产体重1540~1620克。舍饲68周龄产蛋数158~168个。初产蛋重43克,平均蛋重52.2克。公母比在1:10~14条件下,种蛋受精率为90%~93%,受精蛋孵化率为90%~96%。在农村散养的情况下,大部分鸡都有就巢性;在集约化饲养条件下部分鸡有就巢性,但较弱。

(2)产肉性能　早期增重速度慢,56日龄公、母鸡平均体重为380克,成年鸡半净膛率公鸡为81.2%、母鸡为79.5%,全净膛率公鸡为68.6%、母鸡为67.4%。

(五)大骨鸡(图1-5)

1. 产地与分布　原产地为辽宁省庄河市,中心产区为庄河市、东港市、普兰店市、瓦房店市、岫岩满族自治县、凤城县、盖州市

图1-5 大骨鸡

等,现吉林、黑龙江、山东等省均有分布。

2. 外貌特征 骨架粗大,体躯敦实,头颈粗壮,胸深且广,背宽而长,腹部丰满,腿高粗壮,结实有力。喙前端为黄色,基部为褐色。单冠,呈红色。耳叶、肉髯呈红色。皮肤呈黄色。胫、趾呈黄色。

3. 生产性能

(1)产蛋性能 平均开产日龄为167天,72周龄平均产蛋数为167.2个,平均蛋重为63.5克,种蛋平均受精率93.1%,受精蛋平均孵化率89.3%。就巢率一般不超过5%。

(2)产肉性能 8周龄公、母鸡平均体重为1 030克。成年半净膛率公鸡为81.3%、母鸡为84.1%,全净膛率公鸡为76.5%、母鸡为76.0%。

(六)丝羽乌骨鸡(图1-6)

1. 产地与分布 原产地和中心产区为江西省泰和县和福建省泉州市、厦门市和闽南沿海等县。现分布到全国各地和世界许多国家。

2. 外貌特征 体型较小,颈短,脚矮,结构细致紧凑,体态小巧轻盈。外貌与其他鸡种有明显的不同,标准的丝羽乌骨鸡具有

图1-6　丝羽乌骨鸡

"十全"特征：

桑葚冠：冠状属草莓冠类型，公鸡比母鸡略发达。鸡冠颜色在性成熟前为暗紫色，与桑葚相似，成年后则颜色减退，略带红色，故有"荔枝冠"之称。

缨头：头顶有冠羽，为一丛缨状丝羽，母鸡冠羽较发达，状如绒球，又称"凤头"。

绿耳：耳叶呈暗紫色，在性成熟前现出明显的蓝绿色彩，在成年后此色素即逐渐消失，但仍呈暗紫色。

胡须：在下颌和两颊着生有较细长的丝羽，俨如胡须，以母鸡较为发达。肉垂很小，或仅留痕迹，颜色与鸡冠一致。

丝羽：除翼羽和尾羽外，全身的羽片因羽小枝没有羽钩而分裂成丝绒状。一般翼羽较短，羽片的末端常有不完全的分裂，尾羽和公鸡的镰羽不发达。

五爪：脚有5趾，通常由第一趾向第二趾的一侧多生1趾，也有个别从第一趾再多生1趾成为6趾，其第一趾连同分生的趾均不着地。

毛脚：胫部和第四趾着生有胫羽和趾羽。

乌皮：全身皮肤以及眼、脸、喙、胫、趾均呈乌色。

乌肉：内脏膜与腹脂膜均呈乌色，全身肌肉略带乌色。

乌骨：骨质暗乌，骨膜深黑色。

现在也存在一些不完全具备这"十全"特征的丝羽乌骨鸡和单冠、胫、趾无小羽等类型。

3. 生产性能

（1）产蛋性能　江西丝羽乌骨鸡平均开产日龄为 156 天，300 日龄平均产蛋数 70 个，平均蛋重 39.5 克。种蛋平均受精率 88.5%，受精蛋平均孵化率 91.3%，就巢率 10%～15%。

福建丝羽乌骨鸡平均开产日龄为 143 天，457 日龄平均产蛋数为 131.8 个，平均蛋重 45.1 克。种蛋平均受精率 90%，受精蛋平均孵化率 91%。就巢性强。

（2）产肉性能　13 周龄江西丝羽乌骨鸡公、母鸡平均体重为 700 克；福建丝羽乌骨鸡公、母鸡平均体重为 1 000 克。成年半净膛率公鸡为 75.6%、母鸡为 76.0%，全净膛率公鸡为 68.5%、母鸡为 62.5%。

（七）茶花鸡（图 1-7）

1. 产地与分布　原产地为云南省德宏、西双版纳、红河、文山四个自治州和临沧、思茅两地区。中心产区为盈江、潞西、耿马、沧源、双江、澜沧、西盟、景洪、勐腊、勐海、河口、富宁等县。周边普洱市、临沧市及德宏、红河和文山 3 个自治州有少量分布。

2. 外貌特征　体型较小，近似船形，性情活泼，好斗性强。头部清秀，多为平头，也有少数凤头；翅羽略下垂，喙黑色，少数黑中带黄色。单冠，少数为豆冠，呈红色。肉髯红色。虹彩黄色居多，少数呈褐色或灰色。皮肤多呈白色，少数浅黄色。胫黑色，少数黑中带黄色。

3. 生产性能

（1）产蛋性能　开产日龄 140～160 天，年产蛋数 70～130 个，

平均开产蛋重26.5克,平均蛋重37~41克,种蛋受精率84%~
88%,受精蛋孵化率84%~92%,就巢性强。

(2)产肉性能 13周龄平均体重公鸡为1 050克、母鸡为910
克。成年鸡半净膛率公鸡为83.3%、母鸡为78.4%,全净膛率公
鸡为70.7%、母鸡为63.7%。

图1-7 茶花鸡

(八)崇仁麻鸡(图1-8)

1. 产地与分布 原产地为江西省崇仁县,主要分布于崇仁县
和周边的宜黄、丰城、乐安等市(县),福建、江苏、安徽和湖南等省
也有分布。

2. 外貌特征 羽毛紧凑,体形呈菱形。喙呈黑色。单冠直
立,冠齿6~7个,肉髯长而薄,冠、肉髯均呈红色。虹彩呈橘黄色。
皮肤呈白色。胫呈黑色。

3. 生产性能

(1)产蛋性能 开产日龄为154~161天,500日龄平均产蛋
数202个,300日龄平均蛋重43克,种蛋平均受精率93%~94%,
受精蛋平均孵化率91%~92%,就巢率10%~15%。

（2）产肉性能　12周龄平均体重公鸡为1 220克、母鸡为990克。成年鸡半净膛率公鸡为77.1％、母鸡为67.7％，全净膛率公鸡为69.3％、母鸡为58.9％。

图1-8　崇仁麻鸡

二、培育品种

（一）雪山鸡（图1-9）

1. 培育单位　由常州市立华畜禽有限公司培育。

2. 商品外貌特征　体型中等。公鸡红黑羽，母鸡深麻羽，尾羽发达；单冠直立，公鸡冠大而红，母鸡冠中等大小、较红。胫、趾呈青色。皮肤呈肉色，毛孔细。雏鸡绒毛色与父母代雏鸡同。

3. 父母代生产性能　5％开产日龄154天，29周龄达产蛋高峰，高峰产蛋率80％，66周龄入舍母鸡产蛋数164个，43周龄蛋重58克，66周龄母鸡体重2 725克。

4. 商品代生产性能　公鸡91日龄出栏，平均出栏体重为1 600克，饲料转化率为2.91∶1；母鸡112日龄出栏，平均出栏体重为1 650克，饲料转化率为3.56∶1。公、母鸡全期饲养成活率

90%以上。

图1-9 雪山鸡

(二)苏禽青壳蛋鸡(图1-10)

1. 培育单位 由江苏省家禽科学研究所与扬州翔龙禽业发展有限公司共同培育。

2. 商品代外貌特征 蛋壳颜色为鸭蛋青色,是一种极具品种特征的新型优质蛋鸡新品种。淘汰母鸡体型较小呈船形,结构紧凑,全身羽毛黄色。

3. 父母代生产性能 父母代达50%产蛋率为145~150天,26周龄达高峰产蛋率,高峰产蛋率为87%,66周龄产蛋数195个。

图1-10 苏禽青壳蛋鸡

4. **商品代生产性能** 商品代达50％产蛋率日龄150天,高峰产蛋率85％,66周龄产蛋数215个,青壳率大于98％,平均蛋重45克。淘汰母鸡体重平均1 450克。

(三)农大3号小型蛋鸡(图1-11)

1. **培育单位** 由中国农业大学和北京北农大种禽有限责任公司共同培育。

2. **商品代外貌特征** 体型矮小,耗料量低,产蛋高,蛋品质好。羽毛颜色以红白为主,有部分金色羽毛,单冠。雏鸡绒毛色乳黄色,部分为金色。快羽。

3. **父母代生产性能** 父母代种鸡达50％产蛋率日龄145～150天,高峰产蛋率95％,68周龄母鸡产蛋数290个,68周龄母鸡体重1 500～1 600克。

4. **商品代生产性能** 商品代达50％产蛋率日龄145～155天,高峰产蛋率94％,72周龄母鸡产蛋数291个,43周龄蛋重53～58克,72周产蛋总重15.6～16.7千克。全期料蛋比2.1：1。72周龄体重1 500～1 600克。

图1-11 农大3号小型蛋鸡

三、品种选择的原则

(一)良种原则

选购健康纯正的良种雏鸡是土杂鸡生产的关键。如果不是良种,即使饲养很好也达不到较高的生产性能,也就谈不上养殖效益。

(二)正规种鸡场选购雏鸡原则

正规化种鸡场的种鸡一般都是良种鸡,并且管理严格,售后服务好,鸡群健康、不携带垂直传播的支原体病、鸡白痢、副伤寒等疾病。从大型鸡场购进雏鸡,通常具有较高而均匀的母源抗体,比较高的生产一致性。

(三)市场原则

养殖者选择什么品种进行生产,必须考虑最终的市场需求和当地的消费习惯。终产品是以活鸡形式上市,不能忽视体型外貌等包装性状,要选择消费者乐意接受的品种。

(四)适应性原则

土杂鸡很多是利用放养方式生产,所以品种对周围环境的适应性就显得很重要,这里所说的环境条件主要是指温度、湿度、光照。只有适应当地自然条件,品种才能发挥其最佳生产性能,因此选择品种时要了解不同品种在本地区的适应情况。

第二章　土杂鸡鸡场建设

鸡场是养殖最基本的生产条件,而且一旦建成,很难改变,因此在建场之初一定要选址得当,规划有序,设计合理。

第一节　鸡场选址与规划

一、鸡场场址的选择

选择场址时,首先要对拟建场地的自然条件和社会经济条件进行详细的调查研究,然后对相关方面的资料做好勘测和收集,并充分考虑鸡场未来的发展可能性。通过各方面的综合分析,为建场规划提供依据。

(一)自然条件因素

1. 地形地势　鸡场场址应选择在地势较高、干燥平坦、排水良好和向阳背风的地方。平原地区建场应选择比较平坦、开阔、利于排水、地下水位低于鸡舍地基深度 0.5 米以下的地方;山区建场应选择稍平缓坡,坡面向阳,总坡度不超过 25°,建筑区坡度亦在 25°以内的地方;靠近河流、湖泊地区建场应选择比当地水文资料中最高水位高 1～2 米处,以利防洪。从防疫的角度,养殖小区应充分利用自然地形地物,如利用原有林带树木、山岭、河川、河谷等作为天然屏障。

对地形的了解可以查找当地的地形图,并进行必要的实地勘探和测量,绘出地形图,标明比例尺。可以在图中量好拟建场地的面积、坡度、坡向和建筑物间的距离等,作为场址选择和总面积布置的参考。

2. 水源、水质　水源、水质关系着鸡场生产、生活用水和建筑施工用水,必须高度重视。鸡场要求水源充足,水质良好,水源中不能含有病菌和毒物,无异味,清澈透明,符合饮用水标准,最好是城市供给的自来水,水的 pH 值不能过酸或过碱,即 pH 值不能低于 4.6,不能高于 8.2,最适宜范围为 6.5～7.5。

因此,在建鸡场之前,首先要了解水源的情况,如地面水(河流、湖泊)的流量,汛期水位;地下水的初见水位,含水层的层次、厚度和流向。水质情况须了解酸碱度、硬度、透明度、有无污染源和有害化学物质等。如有条件,则应提取水样做水质的物理、化学和生物污染等方面的化验分析,以便于计算拟建场地地段范围内的水资源的供水能力能否满足鸡场的需水量。

3. 土壤地质　对拟建场地地质状况的了解,主要是收集当地附近地质的勘测资料,地质的构造状况,如断层、陷落、塌方和地下泥沼地层。对土层土壤的了解也很重要,如应了解土层的土壤对基础的耐压力等。若是膨胀土的土层不能作为房舍的基础土层,它会导致基础断裂崩塌;对于填土的地方,土质松紧不均,也会造成基础下沉房舍倾斜。遇到这样的土层,需要做好加固处理,严重的、不便处理的或者投资过大的,则应放弃选用。此外,了解拟建附近的土质情况,对施工用材也有指导意义,如沙层可以作为砂浆、垫层的用料,可以就地取材,节省投资。鸡群对土壤的要求,如为地面散养的,一般以沙壤土或者灰质土壤为宜;离地饲养的与土壤无直接关系,主要考虑是否便于排水,使场区雨后不致积水过久而造成泥泞的工作环境。

4. 气候因素　主要包括与建筑设计有关和造成鸡场小气候有关的气候气象资料,如气温、风力、风向和灾害性天气的情况。鸡舍的建筑方位、朝向、间距、排列次序等,应考虑当地风向、风力、日照等情况；防暑、防寒措施以及建筑结构等，应考虑当地常年平均气温、绝对最高与最低气温、土壤冻层深度、降雨量与积雪厚度（雪载）、最大风力（风载）、常年主风向和风频率等常年气象变化情况。

（二）社会条件因素

1. 地理位置　为保障交通和运输方便，养殖小区场外应通有公路，但不能与主要交通线路交叉。为确保防疫卫生要求，避免噪声对鸡群健康和生产性能的影响，养殖小区与主要交通干道应保持适当距离。鸡场附近最好有自来水，也可以打深井水作为主要水源或者补充水源。在排水方面，污水排放去向应远离居民的饮用水源。鸡场要有完善的供电设备，最好自备发动机，以防停电。

2. 疫情环境　为防止养殖小区受到周围环境污染或污染周围环境，选址时应远离村庄、居民区、家禽屠宰场、化工厂、制革厂、种禽蛋禽饲养场、兽医站和集贸市场，如养殖小区选址在上述场所附近应保持 1 000 米以上的安全距离，且不应位于上述容易产生污染企业（屠宰场、化工厂、制革厂等）的下风向。

3. 其他　养殖小区选址必须符合当地农牧业总体发展规划、土地利用开发规划和城乡建设发展规划的用地要求。以下地区或地段不宜选址建场：规定的自然保护区、生活饮用水水源保护区，受洪水或山洪威胁和有泥石流、滑坡等自然灾害多发地带，自然环境污染严重的地区。

当然，上面提到的自然条件和社会条件都是一些基础性的，养殖户可以根据自己的条件灵活掌握，只要便于生产和防疫，对周围环境不造成污染即可。

二、鸡场的规划和布局

(一)鸡场的规划布局

养殖场的总体布局,亦称为总平面布置。它包括各种房舍分区规划,供水排水和供电等管线的线路布置,以及场内防疫卫生环境保护设施的安排。合理的总平面布置可以节省土地面积,节省建设投资,给管理工作带来方便。

1. 鸡舍各种建筑物的规划　首先,应考虑员工的工作和生活集中场所的环境保护,使其尽量不受饲料粉尘、粪便气味和其他废弃物的污染。其次,要注意生产鸡群的防疫卫生,尽量杜绝污染源对生产鸡群环境污染的可能性。就地势的高低和风向的主导风向,将各种房舍以防疫环境需求的先后次序,依次排列。如地势和风向不是同一方向,而防疫要求又不好处理时,则以风向为主,与地势有矛盾的则用其他设施加以解决,如挖沟、设障等。

肉鸡养殖场的规划,要因地制宜,根据拟建场区的自然条件(地形地势、主导风向和交通道路)的具体情况进行,不能生搬硬套采用别人的图纸,尤其是鸡场的总体平面布置图,更不能随便引用。

2. 总体平面布置的主要依据

(1)肉鸡养殖场的生产工艺流程　在考虑总平面布置方案时,应选择生产工艺流程各环节中工作联系最频繁、劳动强度最大、整个生产中最关键的环节为中心,从有利于组织生产活动的原则出发来安排好各种房舍的平面位置。同一功能的鸡舍应相对集中,按其流程顺序,将相衔接的 2 个生产工艺环节尽量靠近。

(2)注意卫生防疫条件　各种鸡舍的平面位置,应根据鸡群在养殖场生产中的经济价值和鸡群的自然免疫力,以防疫需要为主,依次排列。

（3）改善生产劳动条件　应合理布局以减轻人的劳动强度,改善劳动条件。有些生产管理环节目前还不具备机械化条件,但也要从长远考虑,以便为施行机械化或提高机械化水平创造条件,给以后的发展留有余地。

（4）合理设计铺设道路管线　肉鸡养殖场内道路、上下水管道、供电线路的铺设,是养鸡场建筑设计中的一项重要内容。这些线路设计得是否合理,直接关系到建材和资金的合理使用。在保证鸡舍之间所应有的卫生间隔的条件下,各建筑物之间的距离要尽量缩短,建筑物排列要紧凑,以缩短修筑道路、铺设给排水管道和架设供电外线的距离,节省建筑材料和建场资金。

第二节　鸡场建设

一、鸡舍建筑的基本要求

1. 保温防暑性能好　鸡只个体较小,但其新陈代谢功能旺盛,体温也比一般家畜高。因此,鸡舍温度要适宜,不可骤变。尤其是1月龄以内的雏鸡,由于调节体温和适应低温的功能不健全,在育雏期间受冷、受热或过度拥挤,常易引起大批死亡。

2. 空气调节良好　鸡舍规模无论大小,都必须保持空气新鲜,通风良好。尤其是在饲养密度过大的鸡舍中,氨、二氧化碳和硫化氢等有害气体迅速增加,不搞好鸡舍的通风换气工作,被污染的空气就会由气囊侵入鸡体内部,影响鸡体的发育和产蛋,并会引起许多疾病。有窗鸡舍采用自然通风换气方式时,可利用窗户作为通风口。通风口的设置要合理,进气口设于上方,排气口设于下方,靠风机的动力组织通风,使舍外冷气进入鸡舍预热后再到达鸡群饲养面上,然后排出舍外,这样对鸡群有利。

3. 光照充足　光照分为自然光照和人工光照,自然光照主要对开放式鸡舍而言，充足的阳光照射，可使鸡舍温暖、干燥和消灭病原微生物等，特别是冬季。因此，利用自然采光的鸡舍，首先，要选择好鸡舍的方位，朝南向阳较好；其次，窗户的面积大小也要适当。

4. 便于冲洗排水和消毒防疫　为了有利于防疫消毒和冲洗鸡舍的污水排出，鸡舍内地面要比舍外地面高出 20～30 厘米，鸡舍周围应设排水沟，舍内应做成水泥地面，四周墙壁离地面至少要有 1 米的水泥墙裙。鸡舍的入口处应设消毒池。

通向鸡舍的道路要分为运料净道和运粪脏道。有窗鸡舍的窗户要安装铁丝网，以防止飞鸟、野兽进入鸡舍，引起鸡群应激和传播疾病。

二、鸡舍的建筑形式

建筑鸡舍应适合本地区的气候条件，要科学合理，因地制宜，就地取材，降低造价，节省能源，节约资金。

图 2-1　有窗鸡舍

1. 有窗式鸡舍（图 2-1）　该鸡舍的跨度一般为 6～8 米，夏季通风较好。墙高2米即可,气温较高的地区房舍以高为好。长度常依地势、地形、饲养数量而定。屋顶多为双坡式。这种鸡舍的优点是:设备上投资较少,对设计、建筑材料、施工等要求及其管理均较简单。此种鸡舍通常用于育雏或是笼养种鸡。

2. 舍棚连接简易鸡舍(图2-2) 该鸡舍系鸡舍与塑料棚连接组合而成。结构简单,取材容易,投资少,较实用,多为平养,也可舍内网上平养与舍外地面平养相结合。白天鸡在棚内采食饮水活动,晚上进舍休息。该鸡舍的突出特点是有利于寒冷季节防寒保温。饲养量较小的北方地区的专业户可参考选用。

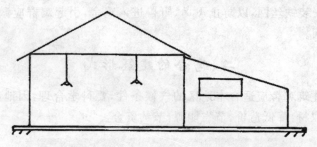

图2-2 舍棚连接简易鸡舍

3. 塑料大棚(图2-3) 寒冷季节应采用塑料薄膜覆盖。它以角铁、钢筋混凝土预制柱或砖墩、木桩、竹竿做立柱和纵横支架,用竹片或铁丝做网底,上铺塑料垫网,铺水泥地面,网床高70厘米左右,双列,中间为人行道,以便于饲养员操作。当气温下降时,将塑料薄膜从整个鸡棚的顶部向下罩住以保温;当气温过高时,将两侧塑料薄膜全部掀开;在温差较大的季节可以半闭半开或早、晚闭白天开,以此调节气温和通风。这是一种经济实用的新型肉鸡鸡舍,在一些地区如江苏的如皋、海安、盱眙、宿迁、淮安等地推广,颇受欢迎。

4. 开放式鸡舍(图2-4) 这种鸡舍适用于气候炎热的南方地

图 2-3 塑料大棚式鸡舍

区,特点是简便、经济。鸡舍只有立柱支撑简易遮阳光不漏水的顶棚,顶棚越厚降温效果越好。这样的鸡舍四周无墙,或两侧有墙,南北无墙。也有东、北、西有墙,北墙设通风窗,而南侧无墙的。开放式鸡舍的优点是投资少,建造快,便于因地制宜,搬迁方便;缺点是受环境影响大,对飞鸟等传染源无法控制,管理困难。

图 2-4 开放式鸡舍

5. **改造利用闲旧房舍养鸡** 中小型农家养鸡的鸡舍可充分利用闲置房屋。舍内装电灯、取暖炉等设备,用尼龙网或细竹竿做围墙。场内放自制的料槽和饮水器,在夏季设半阳半阴的地下避暑室。在育雏阶段可采用纸箱或条筐进行平面育雏。利用旧房舍时,须特别注意在进雏前进行修缮,做到:房顶不漏雨,墙壁无裂缝;门窗无破损,墙角无鼠洞,保温良好;地面不潮湿;进雏前还须彻底打扫干净;地面换上一层新土;早春气温低,门窗要用纸糊上,特别要防止北面贼风吹;南面可安布门帘,以有利空气调节。

第三节　土杂鸡饲养设备

饲养设备主要包括供暖加温、供水饮水、给料、防暑降温、通风等设备。

一、供暖加温设备

雏鸡在育雏阶段,尤其是寒冷的冬天和早春、晚秋都要增加育雏舍的温度,以满足雏鸡健康生长的基本需要。供暖加温设备有好多种,不同地区的各种养鸡场、养鸡户可根据当地的热源(煤、电、煤气、石油等)选择某一供暖设备来增加育雏温度,特别是初养鸡户,经济条件较差,要力争做到少花钱、养好鸡、争赢利。下面介绍几种保暖设备和加温方法供选择使用。

1. 煤炉(图2-5)　煤炉可用铁皮制成,或用烤火炉改制。炉上应有铁板制成的平面炉盖。炉身侧上方留有出气孔,以便接上炉管通向舍外排出煤烟及煤气,煤炉下部侧面,在出气孔的另一侧面,留有1个进气孔,并有铁皮制成的调节板,由进气孔和出气管道构成吸风系统,用调节板调节进气量以控制炉温,这样炉管的散热过程就是对舍内空气的加温过程。炉管在舍内应尽量长些,也可一个煤炉上加2根出气管道通向舍外,炉管由炉子到舍外要逐步向上倾斜,到达舍外后应折向上方且以超过屋檐为好,以利于煤气的排出。煤炉升温较慢,降温也较慢,所以要及时根据舍温更换煤球和调节进风量,尽量不使舍温忽高忽低。它适用于小范围的加温育雏,在较大面积的育雏舍,常用保姆伞来增加雏鸡周围的环境温度。

图 2-5　煤　炉

　　除用煤炉增加舍温外,还可用锯末炉来增加育雏温度。用大油桶制成似吸风装置的煤炉(即锯末炉),在装填锯末时,在炉子中心先放一圆柱体,将锯末填实四周,压紧后将圆柱体拔出,使进风口和出气管道形成吸风回路,然后在进风口处点燃锯末,关小进风口让其自燃,这样可均匀发热。一间 20 米^2 的育雏舍需用 2 个锯末炉,一炉燃烧大约八成时,将另一炉点燃接着加温,如等第一炉燃光熄火再点燃另一炉,则会使舍内温度不平稳,不利于雏鸡的健康生长。使用这种锯末炉一定要将炉中锯末填实,否则锯末塌陷易熄灭。锯末炉对能源和资金比较紧张的养鸡户更为适用。

　　2. 火炕(地下烟道)　将炕直接建在育雏舍内,烧火口设在北墙外,烟囱在南墙外,要高出屋顶,使烟畅通。火炕由砖或土坯砌成,一般可使整个炕面温暖,雏鸡可在炕面上按照各自需要的温度自然而均匀地分布。

　　3. 电热保姆伞、电加热器(图 2-6)　可用铁皮、木板或纤维板制成,也可用钢筋管架和布料制成,内面加一层隔热材料。伞的下部用电热丝、电热板或远红外线加热,外加一个控温装置,可根据需要按事先设定的温度范围自动控制温度。目前电热保姆伞的典型产品有浙江、上海等地生产成型产品,每个 2 米直径的伞面可育雏 500 只雏鸡。伞的下缘要留 10～12 厘米的空隙,让雏鸡自由进出,离保姆伞周围约 40 厘米处加 20～30 厘米高的围篱防止雏鸡离开保姆伞而受冻,7 天以后取走围篱。电加热器主要是和笼育结合使用,利用电加热,可设定温度,温度到达后自动断电,当环境温度低于设定温度时则开始加热。电加热器控制温度方便,而且有利于鸡舍空气质量的改善。冬天使用电热保姆伞、电加热器育雏,可适当使用火炉增加一定的舍温。

图 2-6　电热保姆伞、电加热器

二、供水饮水设备

(一)水箱(图 2-7)

鸡场水源一般用自来水或水塔里的水,其水压较大,而采用普拉松自动饮水器乳头式或杯式饮水器均需较低的水压,而且压力要控制在一定的范围内。这就需要在饮水管路前端设置减压装置,来实现自动降压和稳压的技术要求。水箱是最普遍使用的减压装置,它制造简便,又有利于防疫方面的需要(在饮水中可加入药物或疫苗）。

图 2-7 水 箱

(二)普拉松自动饮水器(吊塔式饮水器)

主要用于平养鸡舍,它可自动保持饮水盘中有一定的水量,其总体结构如图 2-8。饮水器通过吊攀用绳索吊在天花板或固定的专用铁管上,顶端的进水孔用软管与主水箱管相连接,进来的水通过控制阀门流入饮水盘供鸡饮用。为了防止鸡在活动中撞击饮水器而使水盘的水外溢,特意给饮水器配备了防晃装置。在悬垂饮水器时,水盘环状槽的槽口平面应与鸡体的背部等高。根据鸡群的生长情况,可不断地调整饮水器的高度。

(三)真空饮水器(图 2-9)

它是目前市场上销售的真空饮水器,型号较多,有 2 升、2.5升、3 升、4 升、5 升等型号。2 升和 2.5 升的饮水器适用于 3 周龄以内的雏鸡用;3 升以上的饮水器适用于 3 周龄以上的仔鸡或育成鸡和种鸡用。

图 2-8　普拉松自动饮水器

图 2-9　真空饮水器

(四)乳头饮水器(图 2-10)

乳头饮水器由饮水乳头、水管组成。乳头饮水器的密度可以根据自己养殖场的条件自由调节,平养和笼养都可以使用,吊杆的高度还可以根据鸡背的高度调节,使用方便,是目前鸡场采用比较多的饮水器。但需要注意的是,一定要选购合格的饮水乳头,否则容易滴漏,会造成鸡舍潮湿。

图 2-10　乳头饮水器

三、给料设备

(一)雏鸡喂料盘(图 2-11)

主要供雏鸡开食和早期(0～2 周龄)使用,市场上销售的优质塑料制成的雏鸡喂料盘有圆形和方形 2 种,每只喂料盘可供80～100 只雏鸡使用。

图 2-11　雏鸡喂料盘

(二)饲料桶(图 2-12)

供 2 周龄以后的仔鸡或大鸡使用。饲料桶由 1 个可以悬吊的无底圆桶和 1 个直径比桶略大些的浅圆盘所组成,桶与盘之间用短链相连,并可调节桶与盘之间的距离。圆桶内能放较多的饲料,饲料可通过圆桶下缘与底盘之间的间隙距离自动流进底盘内供鸡采食。目前市场上销售的饲料桶有 4～10 千克的多种规格。这种饲料桶适用于地面垫料平养或网上平养。饲料桶应随着鸡体的生长而提高悬挂的高度。饲料桶圆盘上缘的高度与鸡站立时的肩高相平即可。料盘的高度过低时,因鸡挑食而剔出饲料,造成浪费;料盘过高,则影响鸡的采食,影响生长。

图 2-12　喂料桶

(三)料槽(图 2-13)

笼养和平养都适用。料槽要求方便采食,不浪费饲料,不易被粪便、垫料污染,坚固耐用,方便清刷和消毒。一般采用木板、镀锌板和硬塑料板等材料制作。所有料槽边口都应向内弯曲,以防止鸡采食时挑剔将饲料叼出槽外。

图 2-13　料　槽

四、鸡舍降温设备

肉鸡生长和种鸡产蛋最适宜的环境温度为18℃～28℃,超过35℃肉鸡生长受阻,产蛋量下降,甚至发生中暑死亡。每年夏季在高温来临之前应做好防暑降温的准备工作。鸡舍降温设备主要有以下几种:

(一)吊扇和圆周扇(图2-14)

吊扇和圆周扇置于顶棚或墙内侧壁上,将空气直接吹向鸡体,从而在鸡体附近增加气流速度,促进了蒸发散热。吊扇与圆周扇一般作为自然通风鸡舍的辅助设备,安装位置与数量视鸡舍情况和饲养数量而定。

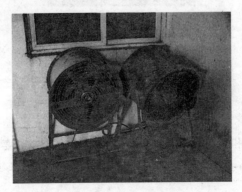

图2-14　圆周扇

(二)轴流式风机(图2-15)

这种风机所吸入和送出的空气流向与风机叶片轴的方向平行,轴流式风机的特点是:叶片旋转方向可以逆转,旋转方向改变,气流方向随之改变,而通风量不减少。轴流式风机有多种型号,可在鸡舍的任何地方安装。

轴流式风机主要由叶轮、集风器、箱体、十字架、护网、百叶窗和电机组成。

图 2-15　轴流式风机

五、其他设备

(一)鸡　笼

产蛋鸡和种鸡通常采用笼养。鸡笼的大小一般要根据鸡品种的大小确定,通常公鸡笼要大于母鸡笼。建议前往专业生产鸡笼厂家定制。

(二)大鸡周转笼(图 2-16)

市场上有塑料大鸡周转箱(笼)销售。商品肉鸡场、种鸡饲养场都需要配备。当然也可以用竹条自己编鸡笼,这种鸡笼成本低,但不利于消毒和码层。

图 2-16 大鸡周转笼

(三)光照控制器(图 2-17)

饲养肉种鸡的鸡舍必须增加人工光照。1 栋鸡舍安装 1 台自动光照控制器,这样既方便又准时,使用期间要经常检查定时器的准确性。定时器一般是由电池供电的,定时器走慢时表明电池电量不足,应及时更换新电池。

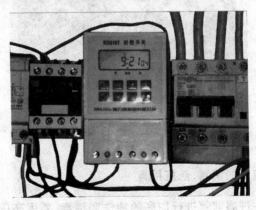

图 2-17 光照控制器

(四)产蛋箱(图 2-18)

饲养肉用种鸡采用两层式产蛋箱,按 4～5 只母鸡提供 1 个箱位。上层的踏板距离地面高度以不超过 60 厘米为宜,过高鸡不易跳上,而且容易造成排卵落入腹腔。每只产蛋箱大约宽 30 厘米、高 30 厘米、深 36 厘米。在产蛋箱的前面有一高 6～8 厘米的边沿,用以防止产蛋箱内的垫料落出。产蛋箱的两侧和背面可采用栅条形式,以保持产蛋箱内空气流通和有利于散热。产蛋箱前上、下层均设脚踏板,箱内一般放垫料(草或木屑),垫料与粪便容易相混,须及时清理,增加每日捡蛋次数,防止蛋受污染。

图 2-18 产 蛋 箱

(五)鸡舍的消毒、防疫用具

鸡舍在进鸡前须进行彻底的冲洗和消毒,要用高压清洗机或高压水枪(图 2-19),一般小型鸡场用自来水软管直接冲洗即可。熏蒸消毒的用具为陶瓷盆和密封门窗用的胶带。日常消毒用具有喷雾器、消毒池、紫外线灯等。防疫用具有连续注射器、刺种针、胶头滴管等。

图2-19 高压清洗车、消毒池

第四节 土杂鸡的饲养方式

不同的饲养方式决定了鸡舍建造的类型和养鸡设备的添置。

土杂鸡养殖方式主要有厚垫料地面饲养、网上平养、笼养和放牧饲养几种方式。

一、厚垫料地面平养

厚垫料地面平养是当前国内外普遍采用的一种饲养方式。在鸡舍地面上铺垫10厘米左右厚的垫料,垫料要求吸水性强、干燥、不发霉,大群饲养需隔成小间,每小间可养500只左右。垫料的方式有两种:一种是经常松动垫料,去除鸡粪晒干后再使用,必要时才更换新鲜垫料;另一种是平时不清除鸡粪,而是根据垫料的污染程度不断地加厚,待饲养结束后一次性清除干净。常用的垫料有切断的玉米秸、破碎的玉米棒、小刨花、锯末、稻草、稻壳、麦秸等。厚垫料饲养,优点是简便易行,投资少,设备简单,节省劳力,肉鸡胸囊肿发生率低,残次品少;缺点是鸡直接接触粪便,球虫病难以控制,药品和垫料费用大,鸡舍面积大。这种方式可以养各种阶段的鸡。

二、网上平养

目前,网上平养的设备一般由竹竿或竹板制成,竹竿或竹板的间距2厘米左右,也有用铁丝网架制成的。为减少胸、趾病的发生,可在网上铺设塑料网,根据鸡日龄更换不同孔径的塑料网片。也可选用15厘米左右的圆木或方木搭成木架,上面每隔10~15厘米用铁丝串起。网上平养的优点是:鸡不直接接触鸡粪,可减少球虫病发生,管理方便,劳动强度小。但这种方式一次性投资大,鸡脚病、胸病发生率高,所以主要用于育雏和养肉鸡。

三、笼 养

笼养设备有的采用金属制成,有的采用塑料制成。这种养殖方式主要用于育雏、饲养蛋鸡和种鸡。笼的大小、叠层选择和长度都可根据使用目的和鸡的大小决定。笼养可以增加饲养密度,减少鸡舍面积,利于机械化作业。

四、放牧饲养

利用闲置田地、果林、草地放养是饲养土杂鸡最好的生产方式,放牧饲养增强了鸡的运动和食物的多样性,使鸡具有更好的肉质。一般在比较开阔而又不宜耕种的场地上放置活动鸡舍,放养脱温后的雏鸡,使其自由活动与采食。这种方式主要用于土杂鸡的育成阶段。

第三章　土杂鸡饲料配方
设计与加工调制

　　饲料是养鸡生产中的重要物资。饲料的好坏直接影响到鸡的生长速度，进而影响生产效益。饲料来源一般有两种方式：一是直接购买饲料成品，二是自配料。养殖场可根据自身的条件选择哪一种方式。

　　现在市场上不同鸡种（肉鸡、蛋鸡、草鸡等）、不同生长阶段（育雏、育成、产蛋、育肥）的饲料，应有尽有。由于饲料公司专业做饲料，一般来说饲料配方都比较科学合理，而且有规模效应，生产成本较低，所以直接购买正规生产厂家的饲料通常都可以满足生产需要，且省事方便。值得强调的是，购买饲料时，一定要选择正规厂家的产品；且要根据自己养殖的品种类型和生长阶段选择相应的产品，提前做好进料计划，切不可造成饲料缺乏和积压霉变。

　　对饲养群体有一定规模、且具有配合饲料的设备与技术的大型养鸡场可以考虑自配料。自配料的优点是可以就地取材或根据市场行情随时变换饲料原料，还可以直接控制饲料品质，可以根据本场饲养的鸡种与生产阶段设计饲料配方、调整营养需要。但自配料需要养鸡场购置各种饲料原料，还需要有原料仓贮空间、一定的加工设备和饲料配方设计技术。

第一节 肉鸡的常用饲料原料

一、能量饲料

能量饲料是指在干物质中粗纤维＜18％，同时粗蛋白质＜20％的饲料。能量饲料主要包括谷实类（玉米、小麦等）、糠麸类（小麦麸、次粉、米糠等）、草籽树实类、根茎瓜果类和生产中常用的油脂、糖蜜、乳清粉等。

二、蛋白质饲料

干物质中粗纤维＜18％，同时粗蛋白质≥20％的饲料称为蛋白质饲料，主要包括植物性蛋白饲料、动物性蛋白饲料和单细胞蛋白质饲料。

(一)植物性蛋白质饲料

1. 豆类 饲用豆类主要有大豆、豌豆、蚕豆和黑豆，这些豆类都是动物良好的蛋白质饲料。

2. 饼粕类 大豆饼粕、菜籽饼粕、棉籽饼粕、葵花籽饼粕和花生仁饼粕。

饼粕类饲料是油料籽实提取油分后的产品，目前我国脱油的方法有压榨法、浸提法和预压—浸提法。用压榨法榨油的产品通称"饼"，用浸提法脱油后的产品称"粕"，饼粕类的营养价值因原料种类品质和加工工艺而异。浸提法的脱油效率高，故相应的粕中残油量少，而蛋白质含量比饼高，压榨法脱油效率低，因此与相应粕比较，残油量多，能量高。

其他加工副产品：在蛋白质饲料范畴内，还包括一些谷类的加工副产品的糟、渣之类，如玉米面筋、各种酒糟与豆腐渣等。本类饲料有一共同特点,即都是在大量提走各种籽实中淀粉后的多水分残渣物质,残存物中粗纤维、粗蛋白质与粗脂肪的含量均相应地比原料籽实大大提高,粗蛋白质含量在干物质中占 22％～42.9％,故而列入蛋白质饲料范畴。

(二)动物性蛋白质饲料

除了鱼粉、肉骨粉外,还有蚕蛹、血粉、乳清粉、羽毛粉、蚯蚓粉、昆虫粉等。

(三)单细胞蛋白质饲料

酵母、微型藻、非病原性真菌等。

三、矿物质饲料

动、植物性饲料中虽含有一定量的动物必需矿物质,但在舍饲条件下的高产家禽对矿物质的需要量很高,常规动、植物性饲料常不能满足其生长、发育和繁殖等生命活动对矿物质的需要,因此应补以所需的矿物质饲料。

1. 提供钠、氯的矿物质饲料　氯化钠、碳酸氢钠。

2. 含钙的饲料　石粉、贝壳粉。

3. 含钙与磷的饲料　骨粉、磷酸盐(磷酸氢钙:含钙 24％,含磷 18％;磷酸二氢钙:含钙 17％,含磷 26％;磷酸三钙:含钙 29％,含磷 15％)

4. 其他矿物质饲料　沸石、麦饭石、膨润土、海泡石、稀土等。

四、饲料添加剂

(一)饲料添加剂的作用

饲料添加剂是在配合饲料中特别加入的各种少量或微量成

分。其主要作用是完善饲料的营养,提高饲料的利用效率,促进畜、禽生长,预防疾病,减少饲料在贮存过程中的损失,改进畜禽产品的品质。饲料添加剂是配合饲料中不可缺少的成分,虽然只占配合饲料的 4%左右,但却占配合饲料总成本的 30%以上。

(二)饲料添加剂的种类

饲料添加剂的种类很多,一般分为两大类:一类是给家禽提供营养成分的物质,称为营养性添加剂,包括氨基酸、微量矿物质元素、维生素;另一类是促进家禽生长、保健和保护饲料营养成分的物质,称为非营养性添加剂,主要有抗生素、酶制剂、抗氧化剂等。

第二节　土杂鸡营养需要

一、饲养标准

根据动物种类、性别、年龄、体重、生理状况、生产目的与生产水平等的不同,科学地规定 1 头(只)动物每天或每千克饲料中应给予的能量和营养物质的数量,能预期达到某种生产能力,这种按动物规定的标准,称为饲养标准。

饲养标准的制定是经过大量多种科学试验,如物质平衡、能量平衡、屠宰试验、消化及代谢试验、饲养试验等,测定动物在不同生理状态下,对各种营养物质的需要量,最后经过生产实践的验证而确定下来的。应用饲养标准不仅能保持动物的健康,还能提高生产能力和产品质量,合理利用饲料,降低生产成本。此外,饲养标准也是衡量和检查动物饲喂技术水平是否合理的尺度。

饲养标准分为三大类:一是国家级饲养标准;二是地区级饲养标准;三是大型育种公司根据各自提供优良鸡种的特点,制定的该品种特有的饲养标准。

二、土杂鸡饲养标准

饲料配方设计和定额饲养,均要以饲养标准为依据,但是饲养标准是有区域性、条件性的,各地区、各饲养场运用标准时,应当结合当地生产实践,灵活运用。

土杂鸡各生长阶段的参考饲养标准见表 3-1。

表 3-1　土杂鸡各生长阶段的参考饲养标准表　（单位:％、周龄）

营养成分	育雏期 0～6	育成期 7～12	育肥期 13～18	产蛋期
代谢能	12.0～12.5	12.0～12.5	12.5～13.4	11.30
粗蛋白质	19～21	17～19	15～16	16.0
钙	0.9～1.1	0.8～1.0	0.8～1.0	3.4
有效磷	0.40～0.46	0.35～0.40	0.35～0.40	0.40
蛋氨酸	0.40～0.45	0.35～0.40	0.35～0.40	0.35～0.40
赖氨酸	1.0～1.1	0.9～1.0	0.8～0.9	0.7～0.9

第三节　土杂鸡饲料配方设计

一、配合饲料

（一）配合饲料的概念

配合饲料是以动物的不同生长阶段、不同生理要求、不同生产用途的营养需要,以及饲料营养价值评定的实验和研究为基础,按科学配方把多种不同来源的饲料,依一定比例均匀混合,并按规定的工艺流程生产的商品饲料。发展配合饲料,可以最大限度地发挥动物的生产能力,借以提高饲料报酬和降低饲养成本,使饲养者取得良好的经济效益。

(二)配合饲料的特点

1. 生产科学化　配合饲料工业通过饲料配方制作和拥有的技术设备条件,可以集中应用动物营养的研究成果,并能把构成配合饲料的各种不同组分均匀地混合在一起,从而保证活性成分的稳定性,提高饲料的营养价值和经济效益。配合饲料配方的产生要根据动物营养需要量进行设计,产品形成后还要经饲喂试验加以验证,因此配合饲料是有科学依据并经过实践检验的商品性饲料。

2. 质量有保证　配合饲料的生产是工厂化的大批量生产,覆盖面积大,其品质优劣不仅与饲养业的发展密切相关,而且与人类健康和环境保护也有密切关系。因而,为了保护和监督配合饲料的营养性和安全性,各国都颁布了饲料法规、饲料管理条例和有关法令。

3. 使用简单,经济效益高　各种形式的配合饲料都有利于使用,一般直接或稍加处理即可喂用,大大减轻了用户自己配料的烦琐劳动,而且运输贮存也非常方便。配合饲料都有较强的针对性,可以做到"因畜给料"。因此,使用配合饲料能满足不同生产目的动物的营养需要,做到消耗饲料少,经济效益高。

(三)配合饲料的分类

鸡配合饲料可以按照营养成分、饲喂对象、饲料的料型不同来进行分类。

1. 按营养成分分类

(1)全价配合饲料(图3-1)　根据肉鸡的饲养标准、原料的营养成分、资源、价格,经过手工处理或电子计算机处理制定出营养完善、成本较低的饲料配方,再按配方加工配制、均匀混合而成的饲料,称为全价,又称完全配合饲料。其可直接饲喂肉鸡,无须再增添其他单体饲料。全价是相对而言,配合饲料中所含养分及其之间比例越符合肉鸡营养需要,越能最大限度地发挥肉鸡的生产潜力和提高其经济效益,此种配合饲料的全价性越好。它是饲料行业的最终产品,它的营养成分含量与饲养标准相符,是直接饲喂的饲料形式。

图 3-1　全价配合饲料

　　(2)浓缩饲料　浓缩饲料又称蛋白质补充饲料,是由蛋白质饲料(鱼粉、豆粕等)、矿物质饲料(骨粉、石粉等)及添加剂预混料配制而成的配合饲料半成品。这种浓缩饲料再掺入一定比例能量饲料(玉米、高粱等)就成为满足肉鸡营养需要的全价饲料。浓缩饲料蛋白质含量高,一般在30%～50%,营养成分比较全面,不仅蛋白质含量高,而且还有营养性添加剂和非营养性添加剂;浓缩饲料在全价配合饲料中占的比例,一般在20%～40%;其单独加工比较方便,混合均匀度比较高;一般情况下,浓缩饲料与能量饲料的配比为(2:8)～(4:6),平均为3:7;采用浓缩饲料可以减少能量饲料的往返运输费用,使用方便,可弥补用户的蛋白质饲料短缺。

（3）添加剂预混合饲料　添加剂预混料是指用一种或多种微量的添加剂原料、载体及稀释剂一起搅拌均匀的混合物。添加剂预混料便于使微量的原料均匀分散在大量的配合饲料中。添加剂预混料是配合饲料的半成品，可供配合饲料厂生产全价配合饲料或蛋白质补充饲料用，也可单独出售，但不能直接饲喂肉鸡。添加剂预混饲料生产工艺一般比配合饲料生产工艺要求更加精细和严格，所以产品的配比要准确，搅拌要均匀，一般在专门的预混料工厂生产；添加剂预混料用量很少（在配合饲料中添加量一般为0.5%～3%），但作用很大，具有补充营养、强化基础日粮、促进动物生长、防治疾病、保护饲料品质、改善动物产品质量等作用。

（4）超浓缩饲料　超浓缩饲料俗称料精，是介于浓缩饲料与添加剂预混料之间的一种饲料类型。其基本成分和组成是添加剂预混料，在此基础上又补充一些高蛋白质饲料和具有特殊功能的饲料作为补充和稀释，一般在配合饲料中添加量为4%～10%。

（5）混合饲料　混合饲料又称初级配合饲料，是向全价配合饲料过渡的一种饲料类型，是由几种单一饲料，经过简单加工粉碎混合在一起的饲料，其配比只考虑能量、蛋白质等几项主要营养指标，产品质量较差，营养不完善，但比单一饲料有很大改进。

2. 按料型分类

（1）粉料（图 3-2）　粉料一般是将原料磨成粉状后，根据饲养标准要求加上添加剂预混料混拌均匀而成，其优点是采食均匀，另外，不易腐烂变质，尤其是采用自动料槽喂粉料，省工、省时。其缺点是饲喂时由于鸡的挑食易造成浪费，饲喂粉料浪费3%～8%。

（2）颗粒料（图 3-3）　粉料通过颗粒机压成圆柱状、角状或丸片状的饲料称为颗粒料。颗粒料营养完善，适口性强，可避免鸡因挑料造成偏食现象，再加上风吹不散，落地后能食，可防止饲料浪费，更便于机械化鸡场使用。颗粒饲料便于鸡采食，营养物质密度大，可以起到"填鸡"的作用，有利于鸡快速育肥。在相同的饲养条件下,用颗粒饲料喂鸡,与干粉料相比,增重可提高 8%～10%,节省饲料消耗 8%～10%。

图3-2 粉 料

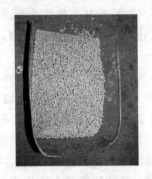

图3-3 颗粒料

二、配方设计原则与方法

(一)营养性原则

1. 选用合适的饲养标准　饲养标准是对动物实行科学饲养的依据,因此经济合理的鸡饲料配方必须根据饲养标准规定的鸡对营养物质需要量的指标进行设计,在选用饲养标准的基础上,可根据饲养实践中鸡的生长或生产性能等情况做适当调整,并注意以下问题:

(1)鸡对能量的要求　在鸡饲养标准中第一项即为能量的需要量,只有在先满足能量需要的基础上才能考虑蛋白质、氨基酸衍生物质和维生素等养分的需要,理由有三:

第一,能量是家禽生活和生产中迫切需要的;

第二,提供能量的养分在日粮中所占比例最大,如果配合日粮时先对其他养分着手,而后当发现能量不适时,就必须对日粮的组成进行较大的调整;

第三,饲料中可利用能量的多少,大致可代表饲料干物质中糖类、脂肪和蛋白质的高低。

(2)能量与其他营养物质间和各种营养物质之间的比例 其比例应符合饲养标准的要求,比例失调、营养不平衡会导致不良后果。

(3)制饲料配方中粗纤维的含量 鸡饲料配方中的粗纤维含量为3%～5%,一般在4%以下。

2. 合理选择饲料原料,正确评估和决定饲料原料营养成分含量 设计饲料配方应熟悉所在地区的饲料资源现状,根据当地各种饲料资源的品种、数量和各种饲料的理化特性以及饲用价值,尽量做到全年比较均衡地使用各种饲料原料。应注意以下几点:

(1)饲料品质 应尽量选用新鲜、无毒、无霉变、质地良好的饲料。

(2)饲料体积 饲料体积过大,能量浓度降低既造成消化道负担过重,且影响动物对饲料的消化,又不能满足动物的营养需要;反之,饲料的体积过小,即使能满足养分的需要量,但会使动物达不到饱腹感而处于不安状态,影响其生长发育和生产性能。

(3)饲料的适口性 饲料的适口性直接影响采食量,设计饲料配方时应选择适口性好,无异味的饲料,若采用营养价值虽高,但适口性却差的饲料则须限制其用量。对适口性差的饲料也可采用适当搭配适口性好的饲料或加入调味剂以提高其适口性,促使动物增加采食量。

饲料配方中常用的饲料使用量大致范围详见表3-2。

表3-2　饲料配方中常用的饲料使用量大致的范围表

饲料种类	谷物饲料	糠麸类	饼粕类	草叶粉类	动物性蛋白类	矿物质饲料	食　盐
添加量(%)	50～75	15～30	15～35	3～10	3～10	5～8	0.2～0.5

3. 正确处理配合饲料配方设计值与配合饲料保证值的关系 配合饲料中的某一养分往往由多种原料共同提供,且各种原料中养分的含量与真实值之间存在一定差异,加上饲料加工过程中的偏差,尤其是生产的配合饲料产品往往有一个合理地贮藏期,贮藏过程中某些营养成分还会因受外界各种因素的影响而损失。所以,配合饲料的营养成分设计值通常应略大于配合饲料保证值。

(二)安全性原则

配合饲料对动物必须是安全的,发霉、酸败污染和未经处理的含毒素等饲料原料不能使用,饲料添加剂的使用量和使用期限应符合安全法规。

(三)经济性原则

饲料原料的成本在饲料企业生产和畜牧业生产中均占有很大比重,因此在设计饲料配方时,应注意达到高效益低成本,为此要求:

1. 饲料原料的选用应注意因地制宜和因时而异 应充分利用当地的饲料资源,尽量少从外地购买饲料,这样既避免了远途运输的麻烦,又可降低配合饲料生产的成本。

2. 设计饲料配方时应尽量选用营养价值较高而价格低廉的饲料原料 采用多种原料搭配,可使各种饲料之间的营养物质互相补充,可以提高饲料的利用效率。

3. 充分利用青绿饲料 土杂鸡采食的青绿饲料中有天然的牧草、蔬菜、作物的茎叶、树叶等,其水分含量高,粗蛋白质含量丰富,维生素全面,钙、磷比例适当,是一种营养相对平衡的饲料。青绿饲料来源广泛、价格低廉,对补充土杂鸡的维生素、矿物质极佳,喂给土杂鸡青绿饲料,不仅节约饲料成本,而且还可以提高肉蛋品质。

三、土杂鸡常用饲料配方

土杂鸡肉鸡饲料配方见表3-3。

表3-3 土杂鸡肉鸡饲料配方表 （单位：％、周龄）

饲料名称	育雏料	中鸡料	大鸡料
使用周龄	0～4	5～10	11～上市
玉　米	60	67	70
豆　粕	33	27	23
豆　油	2	1	2
预混料	5	5	5
合　计	100	100	100

土杂鸡产蛋鸡饲料配方见表3-4。

表3-4 土杂鸡产蛋鸡饲料配方表 （单位：％、周龄）

饲料名称	育雏料	育成料	预产料	产蛋料	公鸡料
使用周龄	0～4	5～17	18～20	21～	23～
玉　米	60	71	66	62	70
豆　粕	33	24	25	25	18
豆　油	2	0	0	1	0
麸　皮	0	0	0	0	7
石　粉	0	0	4	4	0
贝壳粉	0	0	0	3	0
预混料	5	5	5	5	5
合　计	100	100	100	100	100

四、饲料的选购

由于国内饲料生产厂家众多,产品种类繁多,型号不一,市场上还时有假冒伪劣产品混杂其中,因此选购饲料时一定要细心,避免选错饲料,防止达不到选用配合饲料应当达到的预期效果,从而给养殖生产造成一定的经济损失。

(一)饲料厂家的选择

一般而言,选择饲料时,对厂家的选择就决定对产品选择的正确与否。大企业、名牌企业一般更为注重产品质量,有很强的研发实力作基础,企业管理规范,原料、加工过程把控严格,比较遵守国家各项饲料法律、法规,并建有强大的销售网络和售后服务网络。某些小企业虽然也能加工质量较好的饲料,但稳定性不够。

(二)外包装的选择

1. 合格证 可靠包装袋内应有合格证,合格证加盖有检验人员印章、检验日期、批次。

2. 饲料标签标示完整、正确 完整的饲料标签应具有以下内容:品名(饲料产品名称应与产品标准一致,饲料名称须标明使用对象和使用阶段)、主要原料和所起作用、产品成分分析保证值;注明生产日期、保质期、厂名、厂址、电话;标有"本产品符合饲料卫生标准"字样;另外,还需标有生产该产品所执行的标准编号、注册商标。

(三)饲料的物理性状选择

饲料的性状可以影响鸡的采食量、养分的吸收率。饲料的外观形状,常见的有粉状饲料、颗粒饲料。肉鸡料、种鸡料一般选用颗粒饲料,同时应注意不同生长阶段颗粒粒径的大小,因颗粒太大影响鸡采食,颗粒太小饲料粉末多,浪费多。

(四)感官上鉴别

饲料颗粒外观也是评定一个公司管理水平标准之一。好的饲料从外观看,饲料颗粒长短均一,无发霉、发酵、结块现象,通过嗅觉感觉无焦煳味、酸败味、哈喇味等。不能认为饲料外观越黄就是豆粕、玉米等原料多,就是好饲料,现在好多厂家为了迎合这种心理,添加一些色泽黄但营养价值低的原料,如喷浆玉米皮等。

第四章　土杂鸡饲养管理

　　土杂鸡由于生长速度较慢,抗逆性强,通常也不会采用高密度工厂化饲养,所以现阶段土杂鸡生产相对于快大型的肉鸡饲养管理还是比较粗放。另外,土杂鸡也没有严格区分是肉鸡还是蛋鸡、种鸡或者商品鸡,所以这一章节就按照鸡自然生长的阶段来编写。但在这里还是要强调,凡是准备产蛋或是生产种蛋的土杂鸡,尤其是两系以上配套的种鸡,在育成阶段体重和光照控制要求就比较严格。

第一节　土杂鸡育雏期的饲养管理

一、雏鸡的生理特点

(一)体温调节功能不完善

　　初生雏鸡的体温比成年鸡低2℃～3℃,同时绒毛的保温性能差,10日龄时才达到成年鸡体温,到3周龄左右,体温调节功能才逐渐趋于完善,视季节、房舍设备等条件,于6～8周龄前后才真正具有适应外界环境温度变化的能力。因此,管理上要注意做好保温工作,为雏鸡提供适宜的温度环境。

(二)胃肠容积小,消化能力弱

　　雏鸡消化系统发育不健全,同时其消化道内又缺乏某些消化酶,肌胃研磨饲料能力低,消化能力差,采食量有限。因此,在饲养上要特别注意供给优质易消化的饲料,控制饲料中的粗纤维含量,并且做到少喂勤添。

(三)生长发育快,代谢旺盛

雏鸡阶段生长特别迅速,此后随日龄增长而逐渐减慢。与哺乳动物相比,雏鸡体温高、心跳快(脉搏可达 $250 \sim 350$ 次/分),新陈代谢旺盛,安静时单位体重耗氧量和二氧化碳的呼出量比哺乳动物高 1 倍以上。因此,在饲养上要满足营养需要,同时在管理方面要注意经常进行通风换气,改善舍内空气质量。

(四)羽毛生长快

雏鸡的羽毛生长特别快,3 周龄时羽毛占体重的 4%,4 周龄时增加到 7%,此后基本保持稳定。羽毛中蛋白质含量高达 $80\% \sim 82\%$,为肉、蛋的 $4 \sim 5$ 倍,因此雏鸡对日粮中蛋白质(特别是含硫氨基酸)水平的要求较高。

(五)雏鸡的免疫功能不健全,抗病力差

雏鸡对外界环境的适应性差,对疫苗的免疫应答能力弱,极易受有害病菌的侵袭,对饲养管理条件要求严格,特别应做好环境卫生和兽医卫生防疫等工作。

(六)群居性强,胆小

雏鸡喜欢群居,单只离群时奔叫不止;胆子较小,外界环境的微小变动都会引起雏鸡的应激反应,育雏舍内的突然声响、新奇的色彩或有生人进入都会引起鸡群骚乱,影响生长发育甚至相互挤压致死;因此,在管理中要求育雏舍保持安静,育雏人员不要经常更换,同时还应做好防止兽害工作。

二、育雏方式的选择

育雏方式大致可分为立体笼式育雏和平面育雏两大类。

(一)立体笼式育雏

立体笼式育雏又简称为笼育,即将雏鸡饲养在分层的育雏笼内。通常使用的育雏笼一般分为4层,育雏开始时将雏鸡放在上面两层,随着鸡日龄的增加,逐渐疏散到下面两层;另外一种是育雏与育成合用的笼具,采用三层阶梯式,育雏用中间一层,随日龄增加分至上下2层。育雏笼笼内装有电热板或电热管为热源(图4-1)。

图4-1　立体电热育雏笼

立体电热育雏笼饲养雏鸡的密度,开始每平方米可容纳70只,随着日龄的增加和雏鸡的生长,应逐渐减少饲养数量,到20日龄应减少到50只,夏季还应适当减少。

笼养育雏的优点:充分利用鸡舍空间,增加饲养密度;利于保持温度;由于雏鸡不接触垫料及粪便,卫生状况良好,有利于鸡白痢病和球虫病的预防,雏鸡成活率、饲料转化率均较高。

缺点：笼育设备投资相对较大；饲养密度大，对饲料营养、通风换气、卫生状况等条件要求严格。

(二)平面育雏

指雏鸡饲养在铺有垫料的地面上(称地面育雏)或饲养在有一定高度的单层网上(称网上育雏)的育雏方式。

1.网上育雏(图4-2)　育雏平面网距地面高度为50~60厘米，网眼1.25厘米×1.25厘米，粪便一般采取育雏结束后一次性清除的方法。网上育雏具有笼育的优点，但由于饲养密度较小，占据较大的房舍空间，因而经济投资更大。生产上要特别注意加强通风以排出粪便堆积产生的有害气体。

图4-2　网上育雏

2.地面平养(图4-3)　根据鸡舍条件，地面可以是水泥地面、砖地面、泥土地面或炕面。垫料可因地制宜，就地取材，但要求卫生、干燥。常用的垫料有：稻草、麦秸、刨花、锯末等。秸秆类要求铡成5厘米左右长度。垫料可以经常更换，也可以到雏鸡转群后一次性清除(称为厚垫料育雏)。地面育雏舍内设置料桶(或料槽)、水槽(或饮水器)、加温设备等。地面育雏投资小,简单易行,适合于暂无投资能力的小型鸡场或专业户。但此种育雏方式占用鸡舍面积大,管理不方便,耗费较多的垫料,同时雏鸡与粪便经常接触,容易感染疾病(特别是球虫病),预防药物费用大。

图4-3　地面平养

三、育雏期常用的加热方式

(一)煤炉供暖

这是我国中小型鸡场及专业户通常采用的育雏加温方法。育雏舍按20~30米² 设1个煤炉即可,但冬季育雏时需要增加煤炉数。燃料用煤球、煤块、煤饼均可。此方法投资小,燃料易得,但添煤、出灰比较麻烦,浪费人力,温度不稳定,同时要求经常检查排烟管道是否漏气,防止雏鸡煤气中毒。

(二)烟道式供暖

烟道育雏分为地上烟道和地下烟道两种。地上烟道操作不便,不利于地面清扫与消毒,适用于地下水位较高的地区。地下烟道埋在地面下,炉灶砌在舍外,另一头有烟囱,烟囱的高度要求不少于烟道长度的1/2。此法操作方便,散热慢,保温时间长,耗燃料少,热从地下面向上传递,地面和垫料暖和、干燥,适应于雏鸡伏卧地面休息的习性,特别是球虫病发病率低,育雏效果好。

(三)保温伞育雏

此方式适于我国南方气候较温和的地区地面平养育雏时使用,北方地区另设加温设施提高室温也可采用。通常将电炉丝包埋在瓷盘上挂于保温伞内,电炉丝发出的热量通过上面的伞体辐射到地面。保温伞的直径一般为1米,但也可根据房舍和雏鸡群大小而有所变化。直径1米的保温伞,以1.6千瓦的电炉丝作热源,可育雏250～300只。优点:育雏量大,雏鸡可在伞下自由进出选择自身需要的温度,换气良好,使用方便。但热源热量较小,要求育雏舍有良好的保温性能,同时投资较大。

四、育雏前的准备

(一)育雏舍的要求

育雏阶段雏鸡需要供暖,因此房舍要求有良好的保温性能,同时要有一定的通风量,但气流不能过速,忌有贼风,以既可保证空气流通又不影响舍温为宜。育雏舍尽可能远离(100～200米)其他鸡舍,以减少疾病传染的机会。

(二)育雏需要的设备和用具

1. 供暖设备 包括煤炉、保温伞等,在进鸡前10天左右都要进行检修,检查其性能是否完好。同时,检修电路,备足燃料。

2. 饮水器、料桶 数量要备足,做到了每只鸡都能同时采食。

3. 饲料、疫苗、药品和垫料　进雏前必须准备好符合所养品种需要的全价饲料,防鸡白痢、球虫病等药品,防疫用的疫苗及消毒药等。地面平养育雏时要备足干燥、松软、不霉烂、吸水性强、清洁的垫料。

五、用具的消毒和育雏舍的预热

进雏前2周,首先要对鸡舍、笼具和用具进行彻底冲洗。冲洗工作非常重要,可冲掉90%以上的病原菌和有机物。在冲洗时,鸡场有排污沟或渗井的可直接用清水冲洗,否则只能用消毒药(如1%～2%火碱溶液)冲洗,以防废水冲出舍外污染环境。冲洗干净的鸡舍进行密封,连同用具、垫料一起进行熏蒸消毒,根据鸡舍污染程度,在舍温20℃左右、空气相对湿度70%的条件下每立方米用福尔马林28毫升、高锰酸钾14克熏蒸24～36小时,然后开窗放气。最后于进雏前1～2天选用不同的消毒药喷雾消毒两次(如百毒杀1:3 000或3%～5%来苏儿溶液等)。

根据外界气温情况,进雏前1～2天将加热设施准备调试好进行加温,育雏要求舍温达34℃～35℃。

六、雏鸡的选择与运输

(一)雏鸡的选择

雏鸡的健康成长与孵化场供应的雏鸡质量密切相关。雏鸡要从种鸡质量好、防疫严格、出雏率高的鸡场购买。健壮雏鸡的外观标准:发育匀称,大小一致;初生重符合品种要求;眼大有神;绒毛清洁,光亮整齐;站立稳健,活泼好动,叫声清脆,手握有力;腹部柔软而有弹性;卵黄吸收好;脐部没有出血痕迹,愈合良好。弱、残雏特征:初生重大小不一;精神不振;羽毛松乱无光,闭目缩头,站立不稳,常喜欢挤扎在靠近热源的地方;手握无力像"棉花团";蛋黄吸收不良;脐部突出,有出血痕迹,愈合不良,常发红或呈棕黑色。钉脐和腿、喙、眼有残疾的为残雏,应及时挑出。

(二)雏鸡的运输

初生雏鸡经过挑选和雌雄鉴别后即可起运。雏鸡的运输工作非常重要,运输途中的外界环境条件、运输时间等不利因素对雏鸡来说是一种较为强烈的应激,稍有疏忽,就会造成不可挽回的经济损失。雏鸡运输应做好以下几方面的工作:

1. 运输工具的选择和准备 运输工具的选择以尽可能缩短途中时间、避免途中频繁转运、减少对雏鸡的应激为原则。温暖和寒冷季节选择密闭性能好又方便通风的面包车,炎热季节以选用带布篷的货车为佳。车辆大小的选择以雏鸡箱体积不超过车辆可利用体积的70%为原则,雏鸡箱的尺寸一般为60厘米×46厘米×18厘米,炎热季节每箱可装雏鸡80只,其余季节可装100～110只。出车前,车辆要进行全面检修,备足易损零件。

2. 起运时间的掌握 为保证雏鸡健康和正常生长发育,运输工作应在出壳后48小时之内完成。尽可能在雏鸡雌雄鉴别、疫苗注射完后立即起运,停留时间越短,对雏鸡的影响越小。一般来说,冬天和早春运雏选择在中午前后温度高时起运,炎热季节在日出前或日落后的早、晚进行。

3. 雏鸡装车时的注意事项 装车时雏鸡箱的周围要留有空隙,特别是中间要有通风道。纸箱运输时上下高度不要超过8层;确需装高时,中间可用木板隔开,以防下部纸箱被压扁;要保持箱体平放,以防止雏鸡挤堆压死;雏鸡箱不要离窗太近,以防雏鸡受冻或吹风过度而脱水;尽可能不要将雏鸡箱置于发动机附近或排气管上方,避免雏鸡受烫伤致死。

4. 运输途中管理 在运输途中要随时观察鸡群动态。要注意保温与通风的关系,只注意保温,不注意通风换气,会使雏鸡受闷、缺氧，严重的导致窒息死亡；特别是冬季要注意棉被、毛毯等不要覆盖太严。如只注意通风，忽视保温，雏鸡受冻着凉，会诱发雏鸡白痢，成活率下降。寒冷天气转运或检查时，车要停在背风向阳的地方，炎热季节应置于通风阴凉地，不要在太阳下暴晒。运输途中要视雏鸡情况开关车窗或增减覆盖物。当箱内雏鸡躁动不安，散开尖鸣，张嘴呼吸时，说明车内温度太高，应增加空气流通，极端炎热季节还应定时上下调箱。当雏鸡相互挤缩，闭目发出低鸣声时，说明车内温度偏低，应减少空气流通或增加保暖覆盖物。行车路线要选择畅通大道，少走或不走颠簸路段；避免途中长时间停车，确需停车时要经常将上下左右雏鸡箱相互换位，防止夹心层中雏鸡受闷。

七、育雏期饲养管理

(一)雏鸡的饲养

1. 饮　水

(1)雏鸡的"初饮"　雏鸡入舍后的第一次饮水称"初饮"或开水，开水时间越早越好，一般不应迟于出壳后24～36小时。适时开水有利于促进雏鸡肠道蠕动、残留卵黄吸收、排除胎粪、增进食欲。雏鸡饮用水水温要求与舍温相同。对于出壳后24小时以内的雏鸡，首次饮用0.01%高锰酸钾水，以清洗肠胃和促进胎粪排出，0.5小时后改饮5%～8%葡萄糖水(或红糖水、白糖水)，连用12小时。雏鸡经过长途运输或体质较弱时，直接饮用5%～8%糖水，必要时可在水中加入电解质或速补多维，以调节雏鸡体液平衡和尽快恢复体力。需要注意的是，当雏鸡出壳到入舍超过48小时或天气特别炎热时，雏鸡首次饮水会出现"暴饮"现象，雏鸡围着饮水器久饮不走，甚至将全身羽毛弄湿，此时要适当增加饮水器数量或人为驱赶控制饮水。将水加入新的塑料蛋托内进行"初饮"是解决这一问题的有效办法。应勤加少添,防止雏鸡暴饮而导致腹泻、消化不良等症。

(2)雏鸡的饮水 雏鸡一经"初饮",除饮水免疫需要外,不可长时间停水。雏鸡的饮用水要求干净、卫生。使用井水的要注意测定酸碱度,饮水器每天都要定时清洗,并更换饮水1～2次。"初饮"时饮水器要备足,每100只雏鸡需配2～3个2.5升的真空饮水器,平时饮水每个2.5升的真空饮水器可供60～80只雏鸡使用。平面育雏时,应随鸡日龄的增加而适当调整饮水器的容量和高度。立体笼育的开始在笼内饮水,7～10天后应训练用乳头饮水器饮水。雏鸡的饮水量与鸡的品种、体重和环境温度的变化有关,中、大型品种比小型品种饮水量多;环境温度高,雏鸡饮水量大。一般情况下雏鸡饮水量为其饲料采食量的2倍。在生产中,要时刻注意观察雏鸡饮水量的变化,饮水量的突然增加或减少往往是鸡群疾病发生或饲养管理有问题(如舍内温度太高、空气污浊或饲料中盐分含量过高等)的表现。

2. 雏鸡的饲喂

(1)雏鸡的开食 雏鸡第一次喂料称开食,适时开食对雏鸡的健康发育和提高成活率相当重要。开食过早,雏鸡缺乏食欲,损害雏鸡的消化器官,对以后的生长发育不利;开食过晚会消耗雏鸡更多的体力,使之变得虚弱,以后生长缓慢、死亡率增加。适宜的开食时间应为开水后2～3小时,此时60%～70%的雏鸡有觅食行为,此时间一般在雏鸡出壳后24～36小时。在生产实践中,很多饲养场(户)在雏鸡到场之前就将水、料放入饲养笼,同时开水、开食,自认为准备工作很充分,实际上这种错误做法会对雏鸡以后的生长发育产生有害作用。开食时将准备好的饲料撒在反光性强的硬纸、深色塑料布、浅边料槽或开食盘内。为有效防止饲料粘嘴和尿酸盐沉积而发生糊肛,可在配合饲料上面撒一些碎玉米粒,用量为每100只雏鸡450克。

（2）正常饲喂 开食饲料喂2～3天，之后转为正常饲喂，并于7～10日龄尽快撤去开食料具。平养育雏的及时升高料桶和饮水器高度，笼养育雏的训练雏鸡在笼外采食。优质黄羽种鸡日喂料次数：1～7日龄，3～4次/天；8～28日龄，3次/天。每天喂料时间要相对稳定，不要轻易变动。

（二）雏鸡的管理

1. 适宜的环境温度 适宜的环境温度是育雏成功的首要条件。育雏的一般温度要求：1～3日龄，31℃～33℃；4～7日龄，29℃～30℃；8～14日龄，25℃～28℃；15～21日龄，22℃～24℃；22～28日龄，19℃～21℃；29日龄后，保持在16℃～18℃。在生产实践中，要根据育雏季节、天气变化以及供暖方式等灵活掌握，主要应注意如下几点：一是利用育雏器育雏的舍温应低于育雏器内温度（特别是平养育雏舍），育雏室内要有局部的高、中、低温度区域，这样一方面有利于空气对流，另一方面雏鸡可根据自身的生理需求选择适合自己的温度区域。二是不同的育雏方式应选择不同的育雏温度。采用立体育雏笼育雏时，上、下垂直温度不同，上层温度较高，一般前期雏鸡仅放置最上2层，舍温要求较低（由于育雏量大），底层必须放置雏鸡时，要相应提高育雏温度，以照顾底层雏鸡；采用网上保温伞育雏时，热源来自上方，网底较凉，网下空气流通大，雏鸡腹部容易着凉，育雏舍温度要求相对较高；炕上育雏或网上平养雏鸡供暖器在网下时，热空气直烘雏鸡腹部，温度应稍低些。三是夏季育雏温度，应低于冬季1℃～2℃，雨天要高于晴天1℃～2℃，晚上高于白天1℃。四是体型大的品种比轻型小的品种育雏需要温度高。五是育雏期间温度过高、过低均对雏鸡的生长发育不利。温度过高，影响雏鸡的正常代谢，食欲减退，体质弱，生长缓慢；温度过低，雏鸡挤堆，不愿采食、饮水，体质弱的还会因互相挤压致死，同时温度过低还会诱发雏鸡发生鸡白痢。六是育雏温度是否适宜,除观察舍内温度计外,主要根据雏鸡群的状态来衡量。雏鸡靠近热源,聚集成堆,并发出叽叽的叫声,说明温度低;雏鸡远离热源,展翅,张嘴呼吸,饮水量增加,发出吱吱叫声,说明温度过高;温度适宜时,雏鸡均匀分布于鸡舍或笼中,活泼好动,精神旺盛,采食、饮水正常,休息时头颈伸直,遇有声音刺激,全群很快惊起。

温度计要悬挂于鸡背的高度处,才能真实反映鸡周围的温度。

2. 适宜的湿度 育雏期湿度虽不如温度那么重要,但对雏鸡的正常生长发育也有较大的影响。育雏舍湿度太低时,雏鸡体内的水分通过呼吸大量散发,影响体内剩余的卵黄吸收,此时雏鸡若不能及时饮水,就会发生脱水,绒毛发脆大量脱落,脚趾干瘪,食欲不振,消化不良;同时,环境干燥,舍内尘土飞扬,刺激呼吸道黏膜,诱发呼吸道病,死亡率增加。育雏舍湿度太高时,容易引起某些细菌和寄生虫的繁殖,导致饲料、垫料霉变,诱发雏鸡发生球虫病、曲霉菌病等。特别是高温高湿和低温高湿对雏鸡的危害更大,应引起足够重视。雏鸡不同日龄的适宜空气相对湿度为:1~10日龄,65%~70%;11~30日龄,60%~65%;31日龄以后,50%~55%。在生产中,雏鸡10日龄前需要加湿,最佳办法是在火炉上放置金属水桶,水桶内放含有过氧乙酸的水,让其蒸发,或用消毒药水直接进行喷雾消毒,这样既增加湿度,又起到了消毒作用。10日龄后,雏鸡采食、饮水量增加,新陈代谢旺盛,呼出的水汽、排出的粪便容易使空气潮湿,此阶段要注意加强通风,勤换垫料,添加饮水时还要防止过多而使水溢出在地上。

3. 注意通风换气 雏鸡体温高,呼吸快,新陈代谢旺盛,饲养密度大,舍内聚集的氨气、硫化氢、二氧化碳等有害气体如不及时排出就会影响鸡的生长发育和引起疾病。通风换气的主要目的:首先是通过换气满足雏鸡对氧气的需要,同时调节舍内温度;其次是排出舍内有害气体,使雏鸡舍内二氧化碳浓度不超过 0.5%、氨气浓度不超过 20 毫克/米³、硫化氢浓度不超过 10 毫克/米³。舍内氨气浓度高时,可刺激鸡的中枢神经,鸡群易患呼吸道疾病,饲料报酬降低,种鸡性成熟延迟。通风换气的原则:雏鸡 14 日龄前以保温为主,适当通风;15 日龄后,在不影响舍内温度的前提下加强通风,但要注意防止贼风进入、冷空气直接吹到鸡体,尤其在冬季,入风口要有热源对冷空气进行预热,不使舍温波动太大。

4. 适中的饲养密度　雏鸡饲养密度过大,会造成采食、饮水不均,鸡群发育整齐度差,直接影响种鸡的产蛋水平,同时鸡群易患疾病和发生啄癖。密度小虽有利于雏鸡发育,成活率高,但会造成鸡舍和笼具使用浪费。饲养密度与品种、饲养方式、日龄、季节、通风条件等因素有关,中速型黄羽优质肉种鸡与小型麻羽优质肉鸡育雏期的饲养密度见表 4-1。

表 4-1　土杂鸡的饲养密度表

周　龄	地面平养(只/米²)		立体笼养(只/米²)		网上平养(只/米²)	
	大　型	小　型	大　型	小　型	大　型	小　型
1～2	30	40	60	70	40	50
3～4	25	35	40	60	30	40
5～6	20	30	30	45	25	30
7～8	15	25	25	30	20	25

5. 合理的光照制度　育雏期光照原则:光照时间宜短,不可逐渐延长;不管采取何种光照制度,一经实施,不宜轻易变动,不可忽照忽停;光照时间不要忽长忽短,光照强度也不可忽强忽弱,要保持舍内光照均匀。

(1)合理的光照时间　光照时间第一周一般是 23 小时光照,1小时黑暗。光照时间的改变要循序渐进。光照时间要逐步减少,直至只用自然光照。

(2)**适宜的光照强度** 雏鸡在较弱的光照强度下能很好地生长发育。鸡舍光照强度的控制方法:改变灯泡瓦数,控制开灯的数量,利用变压器控制灯泡光照强度。

生产中0～7日龄雏鸡舍可采用每15米² 面积安装1只11～13瓦节能灯泡于2米高处,8日龄起换成25瓦灯泡。

鸡舍安装灯泡的原则:一般采用11～13瓦的节能灯泡,不可过大,以免造成鸡舍光线不均匀;灯泡与灯泡之间的距离应为灯泡高度的1.5倍;舍内安装2排以上灯泡时,应交错排列;灯泡最好设置灯罩,这样既可增大光照强度,又可防止灯泡过快变脏;灯泡不要使用软线吊挂,以免被风吹动而惊吓鸡群;灯泡要经常保持清洁。

6. 做好卫生防疫及消毒工作 雏鸡免疫系统不健全,易患疾病,特别是传染性疾病,一旦传播会造成不可弥补的损失。搞好肉用仔鸡环境卫生、疫苗接种和药物防治工作,都是养好肉用仔鸡的重要保证。鸡舍的入口处要设消毒池,垫料要保持干燥,饲喂用具要经常刷洗,并定期用0.2%高锰酸钾溶液浸泡消毒。雏鸡进舍3天后即可进行带鸡消毒,消毒时要选用广谱、高效、低毒、刺激性小、无副作用的消毒剂,一般每周2～3次,必要时可每天进行1次。

对于鸡白痢防治,应在1～7日龄鸡饲料中加0.3%土霉素或0.02%强力霉素加以控制,从15日龄起饲料中加入抑制球虫病药物,如饲料中加入0.05%～0.06%盐霉素,以控制球虫病的发生。

7. 适时断喙 由于土杂鸡饲养时间较长,为了防止饲料浪费和啄癖发生,通常会在7～9日龄时对鸡断喙。青年鸡转入蛋鸡笼之前,对个别断喙不成功的鸡可再修理1次。

断喙方法:一般使用断喙器进行,断喙时左手抓住鸡腿,右手拇指放在鸡头顶上,食指放在咽下稍使压力使鸡缩舌,以免断喙时伤着舌头。幼雏用2.8毫米的孔径,在上喙离鼻孔2.2毫米处切断,应使下喙稍长于上喙,稍大的鸡可用直径为4.4毫米的孔径。断喙时要求切刀加热至暗红色,为避免出血,断下之后应烧灼2秒左右(图4-4)。

图4-4 雏鸡断喙长短和正确姿势

8. 注意事项

第一,断喙的长短一定要准确,留短了影响雏鸡采食,造成终生残废,切少了又有可能再生长,需再次断喙。

第二,断喙对鸡是相当大的应激,在免疫或鸡群受其他应激状况不佳时,不能进行断喙。

第三,断喙后料槽应多添饲料,以免雏鸡啄食到槽底,创口疼痛。为避免出血,可在每千克饲料中添加2毫克维生素K。在饮水中加 0.05％的多维,防止应激的危害。饲料中球虫药要加倍使用 3 天,防止由于采食减少引起球虫药摄入的减少,避免断喙后球虫病的暴发。

第四,注意观察鸡群,有烧灼不佳,创口出血的鸡应及时抓出重新烧灼止血,以免失血过多引起死亡。

八、育雏期日常工作流程

(一)鸡群健康观察

经常细心地观察鸡群的健康状况,做到及早发现问题,及时采取措施,提高成活率。对鸡群的观察主要注意下列几个方面:

1. 每天进入鸡舍时,要注意检查鸡粪是否正常 鸡的正常粪便应为软硬适中的堆状或条状物,上面覆有少量的白色尿酸盐沉淀。粪便的颜色有时会随所吃的饲料有所不同,多呈不太鲜艳的色泽(如灰绿色或黄褐色)。如粪便过于干硬,表明饮水不足或饲料不当;粪便过稀,是食入水分过多或消化不良的表现。淡黄色泡沫状粪便大部分是由肠炎引起的;白色下痢多为鸡白痢或传染性法氏囊病的征兆;深红色血便,则是球虫病的特征;绿色下痢,则多见于重病末期(如新城疫等)。总之,发现粪便不正常应及时请兽医诊治,以便尽快采取有效防治措施。

2. 每次饲喂时,要注意观察鸡群中有无病弱个体 一般情况下,病弱鸡常蜷缩于某一角落,喂料时不抢食,行动迟缓。病情较重时,常呆立不动,精神委顿,两眼闭合,低头缩颈,翅膀下垂。一旦发现病弱个体,就应剔出隔离治疗,病情严重者应立即淘汰。

3. 晚上应到鸡舍内细听有无不正常呼吸声,包括甩鼻(打喷嚏)、呼噜声等 如有这些情况,则表明已有病情发生,需做进一步详细检查。刚开始,夜间关灯时,也要注意雏鸡有没有扎堆,如果有,一定要将其驱赶分散开来。

4. **每天计算鸡只的采食量**,因为采食量是反映健康状况的重要标志之一。如果当天的采食量比前 1 天略有增加,说明情况正常;如有减少或连续几天不增加,则说明存在问题,须及时查看是鸡只发生疾病,还是饲料有问题。

此外,还应注意观察有无啄肛、啄羽等恶癖发生。一旦发现,必须马上剔出受啄的鸡,分开饲养,并采取有效措施防止蔓延。

(二)防止垫料潮湿

保持垫料干燥、松软是地面平养中、后期管理的重要一环。潮湿、板结的垫料,常常会使鸡只腹部受冷,并引起各种病菌和球虫的繁殖孳生,使鸡群发病。要使垫料经常保持干燥必须做到:

1. **保持舍内环境适宜**　雏鸡体弱对周围环境要求较高,每天应根据天气情况,及时调整舍内环境,经常检查加热设备,保持温度、湿度合适,适度通风保持舍内空气清新。只有在适宜的环境下,雏鸡才能健康地生长。

2. **勤加料、勤换水**　雏鸡喜欢新鲜的饲料和饮水,每天勤加料、勤换水,既能让雏鸡多吃料,还可以避免饲料浪费。吃得多,雏鸡自然长得快而且健壮。

3. **带鸡消毒**　事实证明,带鸡消毒工作的开展对维持良好生产性能有很好的作用。一般 2～3 周龄便可开始,春、秋季可每 3 天 1 次,夏季每天 1 次,冬季每周 1 次。使用 0.5％百毒杀溶液喷雾,喷头应距鸡只 80～100 厘米处向前上方喷雾,让雾粒自由落下,不能使鸡身和地面垫料过湿。

4. **及时分群**　随着鸡只日龄的增长,要及时进行分群,以调整饲养密度。密度过高,易造成垫料潮湿,争抢采食和打斗,抑制生长。在饲养面积许可时,密度宁小勿大。在调整密度时,还应进行大小、强弱分群,同时还应及时更换或添加饮水器和料桶。

第二节　土杂鸡育成期的饲养管理

育雏期结束后,鸡体增大,羽毛渐丰满。此时,土杂鸡已能够适应环境温度的变化,通常应把鸡转移到鸡舍外放养,规模化养殖场则要转移至育成、育肥鸡舍。

一、转　群

一些鸡场在鸡群满 4 周龄后,需要转入育成鸡舍。为了将转群应激减到最小,在转群时做到以下几点:

(一)清洗消毒鸡舍

鸡群转入前必须对鸡舍及设备进行清洗消毒。

(二)检查、维修设备

鸡群转入前应仔细检查和修理各项设备,确保风机、降温系统、喂料机、刮粪机等设备正常运转,饮水器不漏水。若是转入平养鸡舍,应铺设好清洁干燥的垫料。

(三)计算新鸡舍的最大允许饲养量

转群前应计算好新鸡舍的最大允许饲养量,检查料槽、饮水器是否准备充足。

(四)喂驱虫药

如果鸡群感染蛔虫等线虫病,应在转入平养鸡舍前 2 天连续喂 2 次左旋咪唑(口服,每千克体重 24 毫克)。

(五)添加抗球虫药

在转群后的鸡饲料中添加抗球虫药。

(六)不要进行免疫接种

转群前后1周内尽可能不要进行免疫接种,以减少应激,提高免疫应答效果,同时防止鸡到新鸡舍排毒。

(七)淘汰病、弱等残鸡

转群时要注意淘汰病、弱、小、伤残鸡和性别误鉴鸡。

(八)笼移位不能拖行

转群笼移位过程中,应将笼底向上提离物体表面,切不可拖行,谨防刮断鸡伸出笼底的脚趾。

(九)品种不要混杂

不同品种(系)的鸡转群时不要混杂。

(十)选择好转群时机

为减少应激,夏季应在清晨开始转群,午前结束;冬季应在较温暖的午后进行,避开雨雪天和大风天。

(十一)转群前少喂或不喂料

转群当天,应少喂料或不喂料,转入新鸡舍后应立即喂料、喂水。

(十二)转群当初逐步过渡使用新的饮水设备

如果转入的鸡还不习惯新的采食、饮水设备,可先放置少量原来使用的设备,以逐步过渡。

(十三)育成鸡舍温度不得低于育雏鸡舍 4℃以上

注意育成鸡舍温度,特别是在秋季、冬季和开春时节,必须将舍温升到与当时育雏舍相当的程度,不得低于育雏舍 4℃以上,否则可能会引发呼吸道病和其他疾病。

(十四)安排人员看护鸡群

转群鸡最初几天若遇到环境温度激烈下降,育成鸡温度又无法达到要求,则夜间应安排人看护鸡群,否则易引起挤压死亡。

(十五)转群后 2 天内舍内光照要弱些

为避免刚转群的鸡互啄打架,转群后的 2 天内,应使舍内光照弱些,时间稍短些,待相互熟悉后再恢复正常光照。

二、饲 养

(一)调整饲料营养

根据土杂鸡育成期营养需要特点,应及时更换相应的饲料。不同阶段饲料的更换要有一个过渡期。每次换料时,要逐步进行,切忌突然换料,以使鸡逐步适应。如雏鸡料即将喂完,需使用育成料时,第一天在雏鸡料内加入 1/3 的育成料,混合后连喂 2 天,第三、第四天加 2/3 的育成料与 1/3 的雏鸡料饲喂,第五天全部使用育成料。

(二)体重控制

对土杂鸡来说,体重一般不需要特意地控制,基本可以使用自由采食。但对于蛋鸡和种鸡则需要根据种鸡场提供的生长曲线,严格控制平均体重在标准体重上、下 10% 范围内。体重控制主要是通过控制采食量,如果体重增加过快,高于标准体重,则饲料增加就要减缓;如果体重增加过慢,低于标准体重,则需适当增加喂料量。

(三)均匀度的控制

均匀度是指鸡体重在群体平均体重加减 10％内的鸡个体数占群体数的百分比。一般以称量鸡群中 5％～10％的个体体重来评价鸡群的均匀度。

称重时应注意:称重应在每周的同一天进行;要对鸡舍内不同部位的鸡进行称重;随机抽样、要不要人为挑拣;如果鸡舍分为几个单元,每个单元的鸡都要抽称重。

三、适时选种

如果需要进行鸡蛋生产或是种蛋生产,在土杂鸡 80 日龄左右,就要进行第一次选种。选种的目的是在大群中选择健康、体重达标、体型外貌符合品种标准的个体用于产蛋,其余的育肥出售。如果只是生产土鸡蛋只需要选择母鸡;如果是选择种鸡,还要选留母鸡数量 15％的公鸡。

四、育　肥

我们把土杂鸡上市前 2 周称之为育肥。所谓育肥就是利用这个阶段生长发育快的特性,通过适当提高饲粮的能量和其他营养物质的水平,设法增加鸡只的采食量,使土杂鸡个体达到最大的上市体重,适当沉积脂肪,达到一定的性成熟度,以实现最大的经济效益。

(一)增加采食量

一是增加饲喂次数,饲喂粉料每昼夜不少于 6 次,喂颗粒料不

少于 4 次,这样可以刺激食欲。二是提高饲料营养,使代谢能达到
12.5～13.4 兆焦/千克,粗蛋白质达到 15％左右,还可添加 3％～
5％动物性脂肪。

(二)催　熟

市场要求的优质肉鸡具有性成熟外观,如大而红的鸡冠、艳丽
油滑的羽毛等。通过增加光照和采食量,可以提前达到市场要求的
性成熟外观,及早上市,从而有效地提高饲料报酬,降低生产成本。

(三)减少运动

育肥期适当减少运动量,可以减少能量的消耗,使鸡体重增
加。

(四)减少药物残留

商品鸡售卖前的 14 天就要停止使用疫苗和兽药,使鸡有一个
净化过程,上市时不会造成药物残留。

(五)上　市

当肉鸡达到上市体重前就要积极联系买家,尽可能争取鸡只
达到上市体重时一次售出,这样可降低生产成本;全进全出,有利
于对鸡舍的清扫和消毒,也减少了鸡场与外面交叉污染的机会,以
利于防疫。

售鸡时使用的笼子、用具等回场后须先经消毒处理后才能进
鸡舍,以免带进病原体。

五、放　养

利用山林田园放养土杂鸡,由于环境优越,养殖时间长,其肉
品质好,味道鲜美,颇受消费者欢迎。据市场调查,山林田园放养

鸡的价格比舍内饲养鸡每千克高2～3元。土杂鸡青年鸡阶段很适合采用放养方式。

(一)放养需要注意的问题

1. 品种选择　山林田园放养宜选择采食能力和抗逆性强的优良地方品种鸡,如本地土杂鸡或与本地土杂鸡的杂交鸡,如从羽色外貌上宜选择黑、红、麻、黄羽,青脚等土杂鸡特征明显的鸡种,因为从近年的市场消费情况看,羽色"黑、红、麻、黄",脚爪为"青色"的鸡容易被消费者所认可。

2. 场地选择　养鸡场址的选择,以地势高燥、水源充足、排水方便、环境幽静、树势中等、沙质土壤的果园和承包山场为佳,背风向阳的南坡好于北坡;荒山草坡、收获后的粮田、菜园与冬闲田也适于短期放养。

3. 生产条件和设施　山林田园放养鸡,通常可能面临缺电、缺水与交通运输不便等问题,会给生产管理带来较多困难,特别是大规模养殖土杂鸡,情况尤为严重,对此必须预先考虑,尽量解决好水、电及必备用具,准备好应急方案。

4. 环境控制和鸡群管理　与舍饲相比,山林田园放养鸡多是因陋就简,设施非常简易,这样虽然成本较低,但鸡舍温热控制力差,保温采暖、防暑降温和通风采光等受自然条件局限性大,对不良天气的抵御能力差,养殖环境不稳定。另外,鸡群长期处在散养状态下,也不利于实施环境充分消毒、疫病紧急防范和发生病鸡及时采取隔离处理等措施。因此,田园放养一般不适于养殖雏鸡、产蛋鸡和种鸡,除非适当改进养殖设施。

5. 鸡群对环境植被的危害　土杂鸡是采食能力很强的动物,大规模、高密度的鸡群需要充分的食物供应,否则会对放养场所的生态环境产生很大危害。据我们试验,在1 000米^{2}植被非常茂密的灌木林中,放养2 000只体重约1千克的青年土杂鸡,3天后除直径 1 厘米以上的树木外,几乎全被吃光。因此,必须认识到山林田园中的天然饵料的供应是相对有限的,应以补饲为主,天然饵料为辅,以及时注意加强饲料投放,采取合理的饲养密度和轮牧措施。否则,不仅影响鸡群的正常生长发育,而且会对放养环境中的植被、作物、树木产生很大破坏。

(二)大田规模饲养

1. 大田规模饲养的优点　所谓大田规模饲养就是整批雏鸡脱温后,放养于田间地头,让其自由觅食。大田饲养的优点很多:首先,可节省大量饲料。把鸡置于田间,平时鸡自由觅食即能满足需要,一般不需再喂饲料。其次,鸡在田间采食广泛,食物多样。各种害虫、杂草种子、青草等。故一般不会缺乏营养,且生长速度快,肉质优。再次,鸡在田间饲养死亡率较低。由于田间空气新鲜,空气中有毒物质少,死亡率低。同时,采用大田规模饲养除省料、省工、省钱外,对农业也极为有利。放养地块不需喷药防治虫害,节省农药费用,鸡粪排于田间可提高土壤肥力,促进作物生长,达到一举多得的效果。

2. 大田规模饲养的设施　放养地块上建一个简易鸡舍,四周围上 1 米高的丝网,网眼要小,使鸡不能通过。还要搭设栖架或简易鸡舍。雏鸡放养前,首先要在放养地里搭一个栖架或简易鸡舍,栖架或简易鸡舍最好设在树下,以利于遮阴。栖架搭建比较简单,首先用较粗的树枝或木棒栽两个斜桩(45°),然后在斜桩上搭横木,横木数量与桩长度根据鸡数而定,最下一根横木离地不要太近,以避免鼠害、兽害。栖架上搭棚遮阴挡雨。搭建简易鸡舍封闭性要好,平时要注意晚上关闭好鸡舍,早上放开。

3. 大田养鸡的技术要点

(1)放养时间　放养季节宜选择在春季天气变暖时开始,到秋季作物收割后结束。雏鸡 5 周龄脱温后放养。放养季节不宜过早或过晚,最好选择在 3～10 月份,过早天气寒冷,过晚大田放养的时间短。

(2)放养密度　在玉米长到 7～9 片叶时把鸡放入,每 667 米² 放养 600～700 只。

(3)防兽害和药害　兽害与药害事关大田饲养成败,因此要格外重视。栖架(或鸡舍)附近地块要定期在晚上下夹子捕杀黄鼠狼,次日早上放鸡前及时收回,防止伤鸡。另外,鸡舍附近不要喷施化学农药,可喷施生物农药,以防鸡中毒死亡。放养地点应避开棉花地,选择玉米地、花生地、果林地或草地等进行饲养,如果放养量大,附近地段可不用农药防治虫害。

(4)必要的防疫　鸡放养在田间后,还要根据当地鸡传染病发生情况进行必要的防疫,注射时间最好避开放养第一周,避免鸡产生应激。农田可以采用轮牧,这样既便于场地的自然净化,也可以让农田有效利用鸡肥。

(5)及时供水,特殊情况下喂食　在大田饲养中,始终需要供给清洁的饮用水,并保证不断水。在阴雨大风天,鸡不能外出觅食,需及时供食。在最初放养几天内,由于部分鸡不太适应,最好也喂给饲料。对于少部分觅食能力差、体质弱的鸡也要另外补饲。

(三)果园放养技术

1. 果园放养土鸡的优点　果园放养土鸡可以除草、灭虫,提高土壤肥力,增加水果品质,降低生产成本,生产出肉质好、味道鲜美的绿色草鸡。

2. 果园放养土鸡的设施

(1)搭建房舍　雏鸡阶段用于育雏,大鸡阶段在晚上和风雨天气可以让鸡在鸡舍内活动。可以使用竹木框架、油毡、石棉瓦或塑料布做顶棚,棚高 2.5 米左右,用尼龙网圈围,冬季改为塑料薄膜或彩条布保暖。每平方米饲养 20～25 只鸡。

（2）隔离设施　可以建造围墙或搭建篱笆，其目的是为了防止鸡到果园以外活动时丢失，同时也可以防止人、畜随便进入果园，不利于防疫。

（3）喂料和饮水设备　料桶可以放在鸡舍附近，饮水器不仅要在鸡舍附近放置，果园内也要分散放置，以便于饮用水。

3. 果园放养土鸡的技术要点

（1）饲养　10日龄前需使用全价配合饲料，按照一般育雏方式饲养。可以在饲料中适当加入一些细碎、鲜嫩的青绿饲料。15日龄后可以逐步在鸡舍附近的地面上撒一些配合饲料和青绿饲料，诱导雏鸡在地面觅食，以适应以后在果园内觅食野生饲料。放养时，要根据野生饲料资源情况，决定补饲量的多少。如果园内杂草、昆虫较多，鸡觅食可以吃饱，傍晚可以在料桶内放置少量配合饲料；如果白天吃不饱，中午还需补饲1次。遇到大风、大雨天气则全部饲喂，同时注意补饲青绿饲料。要保持饮用水洁净，充足。

（2）保持合适的鸡舍温度　这主要是针对育雏期讲的。15日龄后可以在无风晴好的天气中午前后，让雏鸡到鸡舍四周活动，并逐渐延长在舍外的时间，让雏鸡逐步适应外部自然环境。

（3）光照管理　育雏初期需要24小时光照，然后逐步减少光照时间直至全部使用自然光照。鸡舍外安装若干戴罩灯泡，以备夜间补充光照，既可以减少野生动物接近，同时可以诱捕昆虫让鸡采食。

（4）加强卫生隔离　一个果园一个时期内，最好饲养同一批鸡，以利于防疫，便于管理。果园门口放置消毒设施，尽量减少无关人员的出入。要定期做好免疫工作，经常消毒，适时投喂抗寄生虫药，及时清理粪便。

（5）严防兽害　果园一般都在野外，可能进入果园的野生动物较多，如黄鼠狼、蛇、老鼠、野狗等，这些对鸡都会造成伤害。所以，不仅要采用舍外安戴罩灯泡的方法，还可以饲养狗看家护院。

（6）避免应激　无论白天还是黑夜,要尽量减少鸡群受惊。接种疫苗也要提前围挡,轻拿轻放鸡只。

（7）防止中毒　果园喷洒过农药或施肥后,要间隔7天才能再次将鸡放养。果园周围应没有农药污染的水源。

（8）加强管理　每日观察鸡群状况,发现情况及时处理。还要密切注意天气变化,决定是放还是关鸡只。放养过程中要进行放养训导,以建立鸡群补饲、回舍等条件反射。

（9）重视防疫　重视环境、器具的消毒,定期免疫。每批鸡出栏后,彻底铲除鸡舍鸡粪,并用2‰火碱水泼洒消毒。果园鸡粪采用盖土20厘米以上,然后用生石灰撒或石灰乳泼洒的方法消毒。果园养鸡2年就应换个场地,以便果园场地自然净化。

（四）草场放养技术

在我国西北地区有大面积的草地,利用草场自然资源养鸡不仅可以生产大量的优质鸡肉,还可以控制虫害的发生。每年4月份以后开始放养育雏结束的土杂鸡,每100米^{2}可以放养10只鸡。

1. 基本设施　用尼龙网围一片滩地,用于放养鸡。需要用编织布或帆布搭建若干个帐篷,作为饲养员的休息场所和鸡舍。鸡舍也可采用塑料棚式。帐篷搭建要牢固,防止被风吹倒、吹坏。需要配置蓄电池,以备晚上照明。需打1口简易的水井为鸡群提供饮用水。

2. 饲养管理要点

（1）训导与调教　草场面积较大,为使鸡群按时返回棚舍,避免丢失,在早晨出舍、傍晚放归时,要给鸡一个信号,如敲盆、吹哨。时间要固定,最好两人配合,一人在前吹哨,抛撒饲料,引路,一人在后驱赶。如此反复训练几天,鸡群就能建立良好的"吹哨—采食"的条件反射,无论是傍晚还是天气不好的时候,只要给信号,鸡就可以及时被召回。

（2）做好补饲和饮水　补饲要定时,不可随意改变。补饲量可根据外面自然饲料的多少调节,每日补1～2次都可。阴雨天鸡不要放出,全部饲喂精料。育肥期,饲料要有所调整,要提高能量浓度,补饲量增加。要供给充足的饮用水。野外自然水资源少,必须在鸡活动范围内放置饮水器,每50只鸡放置1个饮水设备。夏季尤其要注意水的补充。

（3）夏季防暑　草场一般缺少高大的树木,鸡群长时间处在日光直射下会发生中暑死亡。中午前后要注意选择能够遮阴的地方让鸡休息,并供给充足的饮用水。没有树木的地方要考虑搭建遮阳网和遮阳棚。

（4）夜间照明　夜晚可适当开灯、补饲。关灯后还要有部分夜光灯照明。晚上开灯可防止野生动物靠近,避免对鸡的干扰,还可吸引大量昆虫,供鸡采食,以及避免惊群,减少应激。

（5）防止意外伤亡和丢失　主要是防止野生动物对鸡的伤害。傍晚要及时收鸡,尤其是暴风雨等恶劣天气来临之前要提前做好准备。

第三节　土杂鸡产蛋期的饲养管理

一、预产期的管理

预产期是指母鸡已达到性成熟但还没有开始产蛋的这一段时间,饲养管理的任务就是为即将到来的产蛋做好准备工作。

产蛋鸡通常会采用笼养,这样可以增加饲养密度,也更有利于饲养管理。

（一）预产期营养

土杂鸡16～18周龄开始性成熟,性成熟的幼母鸡约在产第一个蛋前 10 天开始沉积髓骨。髓骨为母鸡性成熟时所特有,公鸡和未性成熟幼母鸡没有髓骨。髓骨的主要功能是作为一种容易抽调的钙源供母鸡产蛋时使用,蛋壳形成时约有 25％的钙来自髓骨,其余 75％来自日粮。此时需要增加饲料中的钙含量,以提高母鸡的血钙水平,用于髓骨形成。

在这一时期将饲料由青年鸡料换为预产蛋料。预产蛋饲料与青年鸡饲料相比,能量、蛋白质不变,但含钙水平由 1％提高到 2％,以提高母鸡的血钙水平,在产蛋率达 5％～10％时,就要换成产蛋鸡料。换料要逐步进行。

(二)做好开产前各类疫苗的接种工作

在正式开产之前,为了保证种鸡的健康和雏鸡的母源抗体水平,要做很多疫苗的接种工作。同时,大部分种鸡育成期都是在地面平养,因为平养鸡拦挡和疫苗注射更为容易,所以通常会选择在上笼之前把预产期所有的疫苗接种完毕。

(三)公鸡的选种

公鸡的第二次选种一般在 15～16 周龄进行,选种要求是:公鸡达到性成熟(冠髯大而红,羽毛红亮),体重达标,体型外貌符合本品种标准。对一些发育不良的个体如眼瞎、喙弯曲、颈部弯曲、拱背、胸骨发育不良、畸形腿、脚趾弯曲、掌部肿胀或细菌感染的鸡,要进行剔除。

(四)转　群

疫苗接种、选种结束,产蛋鸡就该转入产蛋鸡舍。

转群时应注意的事项:一是气温高时应在清晨或晚上凉爽时进行,而在寒冷的冬季则应在中午暖和时进行,尽量避开阴、雨、雪天。二是在转群前 4～6 小时实施停料,并于转群前后各 2～3 天在饲料中加入 2 倍量的维生素、微量元素,必要时可饮电解质水以缓解应激。转群当天种鸡舍实施 24 小时光照,以使鸡有足够的时间采食、饮水及熟悉新环境。三是结合转群对鸡群进行清理和选择,体重过轻鸡、病鸡、残鸡及漏检公鸡应及时淘汰,并点清鸡数,为转群后制定喂料量提供依据。有条件的对鸡群进行称重,对体重发育情况做到心中有数。四是转鸡时必须轻拿轻放,严禁捉鸡头、颈和尾部,尤其要注意转鸡笼不要装太多,以防压死、闷死鸡。五是转群时工作量大,任务紧,要求管理人员组织好全场人力、物力,加班加点,争取每次转满 1 栋鸡舍。为避免交叉感染,一般可将人员分成三组:捉鸡组在原鸡舍捉鸡装笼,严把质量关,不装不合格鸡,并运至鸡舍门口;运鸡组负责推车,从育成舍门口到种鸡舍门口,不进鸡舍;接鸡组将运来的鸡进行质量检查,并按要求装入产蛋笼。

(五)混群和产蛋箱的放置

对于没有笼养鸡舍的养殖场,产蛋鸡也可采用平养。如采用自然交配的种鸡,选种后即要混群,把留种公鸡均匀地放入母鸡舍内。每 100 只母鸡应配给 10～12 只公鸡。一般要求在较弱光线下混群,可利用夜晚在鸡舍内分点放置,以减少公鸡因环境改变而产生的应激。公鸡放入母鸡舍后,开始 2 周感到陌生而胆怯,需要细心管理,尽快建立起它们的首领地位。如果公、母鸡都转入新鸡舍,公鸡提前 1 周转入,而后再转入母鸡。这样做对公鸡的健康和母鸡产蛋期繁殖性能的提高都有好处。

平养鸡舍在完成各种疫苗的接种后,利用夜间每舍一次性放入产蛋箱,产蛋箱高度要适宜,既要便于种母鸡进出产蛋窝,又不易被地面垫料污染。产蛋箱应放置平稳、固定,不能摇动。有 2/3 棚架饲养鸡群,产蛋箱应一端放在靠近中间垫料两侧棚架上,并用支架支起。产蛋箱的放置,应尽可能地减少占有有效采食空间与垫料面积,以提高对饲养空间的利用。

应为每 4 只母鸡提供 1 个产蛋窝,每个产蛋窝应有 35 厘米宽、35 厘米深。在产蛋箱中铺上其前挡板 1/3 高度的垫料。一般采用洁净的松木刨花(日常管理中应及时给予添加或更换),每晚关灯时建议关闭产蛋箱,第二天开灯后再开启。关灯时应赶走窝内与产蛋箱上的鸡,确保产蛋箱内的清洁卫生,减少对种蛋的污染。

(六)补充光照

鸡舍内灯泡布局要均匀,为鸡只提供均匀一致的光照,尽可能避免在鸡舍内形成较暗的地方。当安装电灯泡时,灯泡之间的距离应是灯泡到鸡只背部高度的 1 倍半。通常灯泡距地面高度为2.4～2.5 米,以方便工人在灯泡下工作提供足够的空间。当鸡舍内架设三排或三排以上灯泡时,每排灯泡应交错排列,最外排灯泡到房舍墙壁距离为灯泡间距的一半。

预产期需光照刺激。在实施光照和饲料刺激时,鸡群具有良好的均匀度是非常重要的。如果鸡群均匀度很差,应推迟光照刺激,并逐步地、缓慢地增加光照时间。鸡群平均体重过低时是不能开始光照刺激的。过度的刺激种鸡开产(如增加光照时间过快或光照强度太强),会导致种鸡脱肛等有关的问题。

光照刺激一般在产蛋鸡 17 周龄时开始(在此之前每天自然光照),每周增加 1～2 小时到 24 周,光照长度达到 15 小时后稳定。将光照强度由 5～10 勒增加到 30 勒左右。一般情况下种鸡受光照刺激后 14 天就见第一个蛋,但具体情况取决于育成期光照控制成功与否以及鸡群周龄和体格发育情况。为了得到较高的受精率,公鸡比母鸡应提前一周给予光照刺激。这样公鸡性成熟比母鸡稍提前,开产初期种蛋受精率会明显提高。

二、产蛋期的饲养管理

产蛋鸡群从开始产第一个蛋就正式进入了产蛋期,肉鸡产蛋率达5％,就算正式开产。产蛋期工作的唯一目的就是要多产合格的蛋。

(一)产蛋期的喂料管理

1. 更换产蛋料 2％钙的预产日粮一般使用到产蛋率达0.5％时更换产蛋日粮。任何时候更换饲料都需要逐步更换,在1周之内逐步完成。

2. 饲料增加 饲料的增加应确实能保证种鸡的产蛋和生长提供充足的营养,同时要注意以循序渐进的方式增加饲料量,以避免种鸡还没有做好产蛋准备而受到过度刺激。一个首要的原则是产蛋高峰到达之前,饲料增加量不应降低,直到日产蛋率达到55％～60％时,才给予最大的饲喂量(高峰料)。

3. 高峰激励料量 当产蛋率上升到最高峰并维持4～5天时,可给予高峰激励料量,即每只鸡增加2克料量;如产蛋率继续上升,则维持该料量;如不上升,则应逐渐恢复到以前的料量。

4. 饲料减少 达到产蛋高峰时或产蛋高峰过后,应逐步减少饲料量,以防止种鸡体重超标。基本上是把在产蛋高峰前为促使种鸡体重增长而增加的饲料量减少下来。在产蛋高峰过后,每周每只鸡减少1克饲料,这样可控制种鸡超重,且不会产生产蛋率非正常下降。以上标准可以依据鸡群状况、产蛋性能、增重状况以及管理水平等,适当增加或减少,以不引起产蛋率非正常下降为原则,并使得鸡群的平均体重能保持一定程度的增加。

5. 防止过肥 母鸡额外的脂肪沉积会对产蛋持续性和受精率产生不利影响,故应予以防止。母鸡过肥可能发生在其生存的任何一个阶段,但最容易的阶段是高峰产蛋过后。如果不能很快地减少饲喂量,则会造成产蛋持续性差和受精率低下。

6. 称重 进入产蛋期,为了控制母鸡的体重,应每2周抽称2%的鸡,以便及时了解母鸡体重变化情况。36周龄后,应加强对公鸡的体重监测,防止出现体重迟滞或下降的情况。产蛋高峰过后,公、母鸡每周的增重均要控制在10~20克。

(二)产蛋期的光照管理

产蛋期,光照的强度和长度都绝对不能减少。产蛋率达到55%~60%时,可再增加1~2小时光照。光照长度一般不需要超过16小时(60周龄后可延长至17小时)。在密闭式鸡舍,30勒的光照强度已经足够,如果光照强度过强,则啄羽等鸡只相残现象将会发生。当然这也取决于断喙的情况。在开放式鸡舍,光照强度通常比较高,为防止光照强度减弱,额外的光照强度可达到30~40勒。

应注意不能使鸡笼接受阳光的直射,在中午光照过强的时候可以在窗上加遮阳网,因光照过强的话会引起鸡的啄癖或脱肛现象。人工光照时间应固定,一般的光照程序为早4时至晚8时为其光照时间(西部地区应在时间上后推1~2小时),即每天早4时开灯,日出后关灯,日没后再开灯至晚8时再关灯,要注意调整时钟,以适应日出、日落时间的变化,保证16小时的光照。完全采用人工光照的鸡群其光照时间也可以固定在早4时至晚8时。从生长期光照时间向产蛋期光照时间转变,要根据当地情况逐步过渡。

(三)产蛋期的障碍与排除方法

1. 产蛋率上升缓慢的可能因素 良好的后备鸡在正确的饲养管理下,18~20周龄时产蛋率即可达5%,4~5周内便可到达产蛋高峰,上升的速度很快。实际生产中常见到不少鸡群开产日龄滞后,开产后产蛋率上升缓慢。最高峰时产蛋率也不高,其主要原因有如下几个方面：

第一，后备鸡培育得不好，生长发育受阻，特别是 15 周龄之前的阶段内体重没控制好，鸡群体重大小参差不齐，均匀度不好。

第二，转入产蛋鸡舍后没有及时更换饲料，或是产蛋率达 5％时仍使用"蛋前料"，没有及时更换成高峰期用的饲料。

第三，饲料品质不好。例如，棉籽饼、菜籽饼等杂饼用量太多；饲料原料掺假，特别是鱼粉、豆粕、氨基酸等蛋白质原料掺假；饲料配方不合理，限制性氨基酸不足或氨基酸比例不恰当；维生素存放期太长或保管不当导致效价降低，甚至失效。

第四，鸡群开产后气候不好，天气炎热，鸡只采食量不足。

第五，后备鸡曾得过疾病，特别是患过传染性支气管炎。

第六，鸡群处于亚健康状态以及非典型性新城疫干扰等。

防止措施：消除原因，在饲料或饮用水中添加复合多维，连用5 天，这样会加快鸡产蛋爬上高峰。

2. 为什么没有产蛋高峰　其原因有以下几点：

第一，品种有假。如果不是按照良种繁育体系繁殖的商品代，不仅不具备杂交优势，甚至会造成杂交劣势，这样的商品代鸡就是伪劣产品，不大可能有产蛋高峰期。用商品代的公鸡和母鸡进行交配繁殖、出售雏鸡的现象，在一些私人鸡场和孵化场并不鲜见，买了这样的雏鸡来养，产蛋时不出现高峰期就不足为奇了。

第二，长期过量使用未经脱毒处理的棉籽饼、菜籽饼，使生殖功能受到损害。

第三，药物使用有误。例如，在后备鸡阶段常使用磺胺类药物，使卵巢中卵泡的发育受到抑制。

第四，后备鸡阶段生长发育受阻，体重离品种要求相差甚大。

第五，长期使用劣质饲料。

第六，疫病影响。例如，育成阶段鸡群发生过传染性支气管炎，鸡群内会存在为数较多的输卵管未发育的鸡，俗称"假母鸡"。

第七,鸡舍内饲养环境恶劣,氨气浓度高,尘埃多,通风不良或光照失误,鸡长期处于应激状态,都难以发挥生产潜力。

找出原因,消除原因,并在饲料中或饮用水中加入复合多种维生素,就能提高产蛋高峰峰值。

3. 产蛋突然下降的可能原因 鸡在连续产蛋若干天后会休产1天。高产鸡连产时间长,寡产鸡连产时间短,因此鸡群每天产蛋数量总有些差别。正常情况下鸡群产蛋曲线呈锯齿状上升或下降。在产蛋高峰期里,周产蛋率下降幅度应该在0.5%左右。如果产蛋率下降幅度大,或呈连续下降状态,肯定是有问题,这种现象可能是以下几方面因素引起的:

(1)**疾病方面** 鸡感染急性传染病会使产蛋量突然下降。如减蛋综合征侵袭时,鸡只没有明显临床症状,主要是产蛋量急剧下降和蛋壳变薄、产软蛋等。产蛋率下降的幅度通常会达到10%左右,严重的会达到50%左右。还有新城疫、传染性喉气管炎等疾病,也都会造成产蛋率较大幅度地下降。

(2)**饲料方面** 一是饲料原料品质不良,如熟豆饼突然更换为生豆饼,进口鱼粉突然换成国产鱼粉,使用了假氨基酸等。二是饲料发霉变质。三是饲料粒度太细,影响采食量。四是饲料加工时疏忽大意,漏加食盐或重复添加食盐。

(3)**管理方面** 一是连续数天喂料量不足。二是供水不足。由于停电或其他原因经常不能正常供水,也会引起鸡群产蛋率大幅度下降。三是鸡群受惊吓。例如,1999年台湾大地震时上海郊区的蛋鸡场鸡群产蛋突然下降。四是接种疫苗,连续数天投喂土霉素等抗生素或投服球虫药,都会引起产蛋率突然下降,这主要是由于药物副作用引起的。五是夏季连续几天的高温高湿天气,鸡群采食量锐减,产蛋率也会显著下降。六是光照发生变化,如停电引起的光照突然停止,光照时间减少。七是初冬时节寒流突至,沿海地区台风袭击等,也会造成产蛋率下降。

4. 长期产小蛋的原因分析　小蛋有两种类型：一种是有蛋黄，但蛋重明显低于各阶段品种标准；另一种是无蛋黄，大小和鸽子蛋差不多，这是畸形蛋类中的一种。其原因各不相同。

（1）小蛋产生的原因　饲料中的能量、蛋白质过低，长期使用这种饲料会引起能量、蛋白质供应不足，以致蛋重偏轻；蛋鸡体重过轻；光照增加过早、过快，致使鸡群开产过早。

（2）畸形小蛋的产生原因　经常产无卵黄小蛋主要是输卵管有炎症引起的，输卵管炎痊愈后畸形小蛋就不会再产生了。

（四）产蛋期不同季节管理要点

1. 春、秋季节注意保健　春、秋季节天气变化频繁，也是各种疾病多发的季节，一定要做好产蛋鸡群的保健和疾病防控。要根据天气变化情况及时开、关窗户，保持鸡舍内空气清新，温度适宜；要经常监控鸡群抗体水平，尤其是新城疫和禽流感，要根据抗体水平及时免疫，通常采用弱毒疫苗，以对母鸡应激最小的方式免疫。

2. 夏季注意防暑降温　产蛋鸡的羽毛丰满，散热能力差，抗热应激能力低，高温会引起产蛋率下降，蛋重小，蛋壳变薄、变脆；持续高温高湿将会导致母鸡死亡。措施有：①鸡舍屋顶刷白，周围种丝瓜、南瓜，让藤蔓爬上屋顶，隔热降温，也可采取运动场搭凉棚的方法；②鸡舍内敞开门窗，前、后草帘全部卸下，加速空气流通，有条件的可装排风扇或吊扇，加强通风降温；③饮水不能中断，保持清洁，最好饮凉井水。

3. 冬季注意防寒保暖　当舍温低于8℃时，鸡的产蛋量下降，采食量增加，饲料转化率下降，所以开放式鸡舍冬季要关闭门窗，尤其是北侧窗户，防止贼风进入；必要时可在鸡舍内加火升温，同时要注意通风换气；地面平养的要注意保持垫料的干燥，发现垫料潮湿的要及时更换。

(五)产蛋期减少饲料浪费的管理

在养鸡场养鸡生产中,饲料成本占总成本的70%～75%,在保证生产的前提下,降低饲料消耗,减少饲料浪费是提高饲料转化率、减亏增盈的重要管理措施。防止饲料浪费的主要措施如下。

1. 及时调整饲料配方 根据鸡的不同阶段、不同季节的营养需要和原料的价格变化等,使用电子计算机适时调整饲料配方,这样不仅可以做到饲料价格较低,而且营养平衡,饲料转化率高。

2. 正确使用添加剂 饲料中除添加钙、磷、食盐、微量元素、必需氨基酸外,适量添加复合酶制剂、香味剂、抗热应激添加剂等,能显著提高饲料转化率。有关试验证明:炎热夏季在饲料中加入小苏打、维生素C或杆菌肽锌,可提高鸡的产蛋率5%～6%;添加复合酶可提高鸡的日增重7%～10%,饲料转化率提高4%～7%。

3. 适时补喂沙砾 适时补喂沙砾有利于饲料的消化和吸收,比不喂沙砾提高消化率3%～5%。产蛋种鸡每50千克饲料中应加入0.5千克沙砾。

4. 加喂饲料要少喂勤添 每次喂料量不宜超过料槽的1/3。有人曾做过统计:一次性加满料槽,饲料浪费高达40%～50%;加至料槽的2/3,浪费12%;加至料槽的1/2,浪费4%～5%;而加至料槽的1/3,仅浪费1%～2%。同时,要经常检查料槽接头和堵头是否完整。

5. 要及时淘汰低产鸡和停产鸡

(六)产蛋期产蛋鸡群的日常管理

1. 开灯后观察 种鸡舍早晨开灯喂鸡时要注意观察鸡群的精神状态和粪便情况,及时挑出病、弱、残鸡隔离饲养或淘汰;捡出死鸡送兽医室剖检或深埋处理。

2. 熄灯后观察 晚上熄灯后倾听鸡群声音,以发现鸡群是否有呼吸道疾病,如发现有呼噜、咳嗽、喷嚏、甩鼻时,应及时报告兽医,并将病鸡挑出,减少扩大感染机会。

3. 喂料时观察　采食量的骤减、饮水量的猛增往往伴随着疫病的发生。部分鸡饲料过剩往往与饮水系统损坏有关,特别是乳头饮水器,要经常检查其管内是否聚有空气,乳头是否出水,因饮用水中断会导致采食量下降。还应观察料槽、水槽的结构是否合理,数量是否能满足需要。

4. 舍温观察　利用最高、最低温度计观察并记录舍内的温度变化,尤其是冬、夏季节,同时还要观察通风、光照系统有无异常,特别是照明灯泡有无缺少和损坏(晚上值班人员更应注意观察),发现问题应及时处理。

5. 随时观察　应随时观察鸡群是否有啄癖(啄肛、啄羽、啄蛋),及时挑出啄鸡与被啄鸡,找出原因,采取措施。有啄蛋癖的母鸡要及时淘汰。

6. 及时淘汰　30周龄仍未开产的鸡和开产后不久就换羽的鸡要及时淘汰。这些鸡趾骨间距在二指以下,脸苍白,喙、胫黄色未褪,全身羽毛完整而有光泽。优质肉用种鸡常伴有就巢鸡存在,就巢严重的要及时淘汰。就巢母鸡在就巢后 15～20 天内如不产蛋,可对就巢母鸡每天注射 1 次丙酸睾丸素注射液(0.25～0.30 毫克/次),连续 2 天。

7. 及时捡蛋　对于笼养蛋鸡,每天上、下午各捡 1 次蛋即可,而对于平养蛋鸡,蛋要及时捡出,尤其是种蛋,每天要捡 4 次蛋。这样可有效减少地面蛋、粪便污染蛋和破蛋,还可避免部分母鸡抱窝。

8. 公、母鸡配比适中　优质种公鸡性欲旺盛,种鸡人工授精时,训练好的公母比可为 1∶(30～35);平养时大群配种公母比以 1∶(8～10)为宜,小群配种可加大到 1∶(10～12),大群配种的母鸡每群不超过 500 只。

9. 防止窝外产蛋　窝外产的蛋,蛋壳易被粪便污染,降低孵化率,同时易破损,如棚上饲养,则种蛋易掉到棚下粪便中,造成不必要的损失。为减少窝外蛋,首先要配给足够的产蛋箱,晚上关闭产蛋箱,防止鸡进入产蛋箱内栖息;其次要诱导鸡进入产蛋箱内产蛋,可在将要开产时,把假蛋放入产蛋箱内,鸡看见假蛋,会进入产蛋箱内产蛋。

10. 做好生产记录 每个鸡场都要根据自己的实际情况,设计专门的生产记录表格,按品种、鸡舍、饲养阶段等详细记录。记录的内容应包括:日期、当日本栋鸡舍存栏数、当日死亡淘汰数、总耗料量与平均耗料量、产蛋数、种蛋数、种蛋合格率、破蛋率、防疫情况、鸡舍温度变化、意外情况等。生产记录可真实反映鸡群的实际生产动态、水平,管理者通过它可及时了解生产、指导生产,这是考核经营管理效果的重要依据。

11. 适时淘汰 产蛋到 66~68 周龄,一个产蛋期就结束了。此时根据成本效益核算看是否盈利,如果已经不能盈利就果断淘汰,作为老母鸡售卖;如果还有效益也可适当延长饲养时间。通常现在的母鸡只利用 1 年,第二年的产蛋率是第一年产蛋率的 80%(也可根据当地市场情况灵活掌握淘汰时间)。第二年产蛋前可实行强制换羽(利用低营养水平强行使母鸡换羽),这样可以提高开产一致性,提高产蛋率。

三、人工授精

相对于自然配种,鸡的人工授精具有以下优点:一是可以提高公鸡精液利用率,一般自然交配每只公鸡能配 10~20 只母鸡,而人工授精 1 只公鸡可供 30~50 只母鸡受精使用,这样可以节约种公鸡的饲养成本;二是可以克服公、母鸡体重相差悬殊以及不同品种间和杂交困难,提高受精率;三是可以克服鸡只腿部或其他部位外伤时的优秀公鸡无法进行自然交配的困难;四是对笼养鸡进行人工授精,操作方便,种蛋清洁,能提高孵化率。

(一)种公鸡的训练

1. 目的 建立良好的条件性反射。

2. 时间 120～140 日龄间(母鸡产蛋率已达 5％以上),每 2 天 1 次,一般连续训练 4 次。

3. 方法 抱鸡人员捉鸡的速度要轻而快,用左手握住公鸡的双腿根部稍向下压,注意用力不可过大,公鸡躯体与抱鸡人员左臂要平行,尽量使其处于自然状态;采精人员采用背部按摩法,从翅根部到尾部轻抚 2～3 次,要快,然后轻捏泄殖腔两侧,食指和拇指要轻轻抖动按摩。

4. 注意 采精过程中要尽量减少应激;每次采精必须将精液采尽;预留公鸡数量以公母比 1：(20～25)为宜,训练 3 次后,将体重轻、采不出精液、精液稀薄、经常有排粪反射与排稀便的公鸡及时淘汰。

(二)公鸡精液的采集

1. 首次采精前的准备工作

(1)公鸡的剪毛 公鸡采精前,应剪去肛门周围直径 5～7 厘米的羽毛,形成以肛门为中心的凹窝状,这样既方便操作,又可防止肛门周围羽毛沾着鸡粪而影响精液的卫生。

(2)公鸡的采精调教 在输精前的 2 周,对要用的公鸡进行采精调教,使之对保定、按摩、射精过程形成良好的条件反射,并借此了解各个公鸡的性反射习惯,这种调教一般要 7 次左右才能完成。

(3)弃去衰老的精子 在首次应用精液前 2 天,对所用公鸡全部采精,目的是弃去输精管中成熟时间太长,已衰老的精子。

2. 采精 采精就是用人工方法采取公鸡的精液,这是人工授精工作的一个重要环节。目前,应用最广泛的是背腹式按摩采精法。所谓按摩采精法,就是用手按摩公鸡,引起公鸡性反射而射精的方法,因按摩部位不同,有人又细分为腹式按摩采精法、背式按摩采精法和背腹式按摩采精法,但就实际应用效果看,背腹式按摩采精法更好。采精是一个连贯的过程,为便于叙述和理解,我们把采精过程分成保定、按摩与集精两部分介绍。

(1)保定　采精员从笼内轻轻抓出公鸡后,以右腿着力蹲下,左腿膝关节半收缩,小腿撇向身体左(偏)后方,左手轻轻抓住公鸡的右翅根,将其头朝向左后方,翼基部置于左腿膝关节下,用膝关节轻抵公鸡,放开左手,至此,即完成了公鸡的保定工作。

保定时,采精员应注意膝关节抵的部位与力度大小。部位如偏后,公鸡会向前跑;偏前,公鸡会向后退出。用力如太小,公鸡易跑掉;太大,易将公鸡压趴下而影响操作及射精量。一般要求,在保定公鸡后,以可不费力地插入和抽出手掌为宜。新公鸡因没有建立条件反射,难保定,膝关节抵压用力可适当大些。

(2)按摩与采精(图4-5)　公鸡保定好后,采精员用右手食指和中指夹着集精杯,杯口向内,左手拇指与其余并拢的四指分开呈八字形,掌心向下,虎口跨着鸡背,从翼基部迅速抹向尾根。在此过程中,拇指与四指逐渐收拢,至尾根处紧握尾羽。这一过程称为背部按摩。

背部按摩一般需2~3次,具体要视公鸡性反射情况而定。性反射强的公鸡,按摩1次就能尾巴上翘,肛门张开,泄殖腔外翻,露出交配器,对这些公鸡如多次按摩,可能来不及集精即已射精;性反射不强的公鸡,背部按摩可多几次,并结合腹部按摩,绝大多数可采到精液。

在背部按摩的同时,采精员右手要分开拇指和其余四指,掌心向着鸡头方向,虎口紧贴公鸡后软腹部,然后拇指与食指有节奏地向上托动。这一过程称为腹部按摩。腹部按摩通常也只需2~3次。有性反射的公鸡,腹部按摩时,采精员的右手会感到公鸡腹部下压。

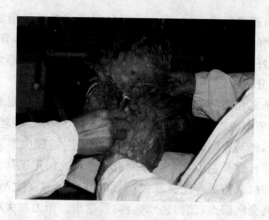

图 4-5 采　精

按摩时,除应把握适宜的按摩次数外,还要注意背腹部按摩应协调,两者同时进行;按摩用力大小要适宜,用力太小交配器外翻不充分,太大可形成逆刺激而不发生性反射。

经过背腹同时按摩,性成熟的公鸡都可外翻泄殖腔,露出交配器。此时,也仅在此时,在背部按摩的左手应迅速移至尾根下、肛门之上,用手背外侧边缘挑起尾羽,拇指与食指从外露的交配器两侧,紧贴肛周,水平地掐起,使交配器得到固定,以防止回缩,然后右手掌心转向上,使集精杯口对着并靠近交配器,收集精液。

集精时,采精员应注意精液的取舍,尽量减少污染。若外翻交配器周围有粪便时,应先用干药棉擦去,再集精;当集到一定时间,交配器皱褶里流出多量透明液,即停止集精,以防透明液混入,影响精液品质。虽然,鸡的精子对冷刺激不太敏感,但是急剧冷却对精子受精力也有不良影响,因此在冬季,采精及输精时应适当保温,集精杯应预热至 $35℃\sim40℃$。多数鸡场,精液不加稀释就边采边用,这种原精液,精子代谢旺盛,又得不到能量补充,活力会很快降低,因此从集精到用完的时间越短越好,一般不要超过半小时。

(三)鸡精液品质的检查

公鸡的精液品质直接影响种蛋受精率,对精液品质进行定期和不定期检查是长期维持良好受精率的保证措施之一。精液品质检查的方法有:外观检查、显微镜检查、生物化学检查和抗力检查。实际生产中仅进行外观检查。

1. 外观品质检查 精液的外观检查是采得精液后,用肉眼观测每只公鸡的射精量、精液颜色、精液稠度、精液污染等情况,判断公鸡精液品质的大概程度,现场决定精液可否应用。

(1)射精量 公鸡在一次采精后射出的精液量,用带刻度的集精杯测量(精确到0.1毫升)。鸡的射精量受各种因素的影响且个体差异较大,经过选择的肉用和蛋用种公鸡平均射精量分别为0.6毫升和0.8毫升。射精量通常不作为评定精液品质的指标。

(2)精液颜色 精液颜色是决定精液品质的重要指标。正常、新鲜的公鸡精液呈乳白色。不正常的颜色常为:精子密度太低,颜色淡,像稀水样;混有血液的呈粉红色,混有粪便的呈黄褐色或黑斑状,混有尿酸盐的呈白色棉絮状,混有大量透明液的呈现上层清水样;有病无精子的公鸡精液为黄水样等。凡是颜色异常的精液都不宜用于输精。

(3)精液稠度 优质精液应为乳白色、浓稠的液体,它的密度多在每毫升30亿个以上,在疾病、遗传、应激、混入粪尿等情况下精液会变稀。

2. 影响公鸡精液品质的因素

(1)采精人员 其动作熟练程度。

(2)采精时间 为避免粪尿等污染,最好在停水断料3~5小时后再采精。

（3）采精间隔　合理的采精间隔是获得优质精液和提高受精率的重要措施。据报道,隔日采精1次可以获得品质优良的精液,并能圆满完成繁殖期内的配种任务。

（4）换羽　公鸡换羽对繁殖力有不良影响。在换羽期间,公鸡精液浓度和精子抵抗力都有明显下降,但随着换羽的完成,公鸡的繁殖力可得到恢复。公鸡的换羽一般比母鸡早1个月,这就要求最好有不同日龄的后备公鸡替换使用。

（5）疾病　几乎所有的疾病都可明显影响公鸡精液量及品质,要加强卫生防疫管理,减少疾病的发生,不用患病公鸡的精液。

（6）公鸡的品种、个体、年龄、季节和饲养管理　这些因素都对精液品质有很大影响。

（四）输　精

1. 输精方法　输精方法有多种,现仅介绍两人操作（一人翻肛,一人输精）的母鸡阴道口外翻输精法。

（1）翻肛（图4-6）　拉开笼门,右手伸进母鸡笼,抓住母鸡双脚,拖到笼外,将母鸡腹部抵在笼门下边铁丝上。然后,左手拇指与食指分开成呈八字形,其余三指收拢内握,食指紧贴在肛门上方与尾椎之间,拇指紧贴母鸡左下腹部,食指与拇指同时用力（拇指向内压）。如此,绝大多数产蛋母鸡泄殖腔即可外翻并见到直肠开口左侧的呈淡红色、湿润、多为圆形的外翻阴道口。

（2）输精（图4-7,图4-8）　在翻肛人员翻出阴道口后,输精人员将吸有精液的微量吸液器吸咀,垂直于阴道口平面,从阴道口正中尽量不擦带到侧壁,轻轻插入阴道,深至1.5～2厘米,压出全部精液,然后将吸咀贴阴道上壁慢慢抽出。输精时应注意:插吸咀动作要轻,不要硬插,以防止损伤阴道;压出精液后不要迅速放松压钮,以免回吸精液;吸咀不要贴下壁抽出,否则易引起精液外流。

图4-6　翻　肛

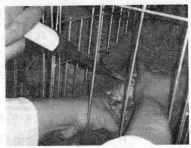
图4-7　输　精

图4-8　输精器具

在输精员压出精液的同时,翻肛人员左手的左侧四指应配合压精与抽出并慢慢放松,使阴道口逐渐收缩复原,防止不必要的压力使精液倒流入泄殖腔。当全部抽出吸咀时,翻肛员左右手全部放开母鸡,即完成整个输精过程。

对极少数腹脂太多、患有泄殖腔炎症和腹泻的母鸡,初学者常会感到翻肛和输精都困难。对这些鸡,翻肛时,除严格按上面介绍的方法操作外,应加大左手拇指的压力,输精人员输精时还要将吸咀插入泄殖腔与外翻阴道形成的皱褶里,此时可明显感到插入受阻,不能到位,即使勉强插进,压出的精液也多数没有进入阴道,这时,可重新翻肛或应用吸咀轻轻拨开左上壁的阴道口,向左下方插进吸咀,常可取得成功。

在输精过程中,翻肛与输精人员应互相协调,共同摸索规律并总结经验,认真对待每一次操作,以尽可能提高受精率。

2. 输精量 也称输精剂量,即每次人工输给母鸡的精液量。输精量与受精率密切相关,生产中现采现用原精液输精,每次输入0.03～0.05毫升,以使有效精子达到0.8亿～1.0亿个为宜。为确保受精所需授精量,首次输精量应该加倍。对第一次输精的母鸡,需在次日重复1次,这样在第一次输精后48小时即可留用种蛋。此外,应注意,在母鸡繁殖力下降的同时,公鸡繁殖力也在下降,繁殖中期到末期,随供精公鸡年龄的增大要适当增加输精量,才能保持种蛋有较高的受精率。

3. 输精时间 生产上,输精一般安排在下午2时以后,有可能的话,最好是安排在下午4时以后,此时大部分鸡都已产过当天蛋。对在输精前后产蛋的母鸡,应在输精结束时再补输。

4. 输精间隔 输精间隔就是前后两次输精的间隔天数。鸡的输精间隔时间因品种、精液品质与每次输精剂量的不同而异。实践证明,用30～50微升新鲜精液输精,5～6天的输精间隔,对工作安排、受精率都很好。最佳的输精间隔为5天,受精率可达94%以上。

5. 精液保存 对精子代谢旺盛,未经稀释的新鲜精液在20℃～25℃条件下,30分钟其受精率就下降。刚采到的精液要立即置于30℃～35℃环境下保存,并应在25～30分钟内用完。输精速度越快,精子在外界停留的时间越短,成活率越高,受精率也就越高。

(五)影响鸡人工授精受精率的因素

影响鸡人工授精受精率的因素很多,人工授精技术、一切不科学的饲养管理措施、鸡群健康状况和自然环境的变化等都能导致受精率的降低,现主要归纳为以下几点:

第一,工作人员的工作态度与技术熟练程度,是影响受精率的重要因素,生产上经常存在不负责、不按操作规程办事而引起受精率下降的情况。

第二,鸡群的任何健康问题都会影响受精率,特别是传染性与营养性疾病。疾病的隐性感染与亚临床阶段是影响受精率的开始,应密切注视鸡群的健康状况。

第三,不良的精液品质必然要产生受精率问题,因而要经常进行精液品质检查,以确保所用的精液品质良好。

第四,采、输精过程存在的问题影响受精率,常见的有:精液从采集到输完时间太长;翻肛与输精动作不协调,精液没有真正输入阴道。

第五,母鸡自身的问题而引起受精率下降,表现较多的有:泄殖腔炎、输卵管炎等疾病,换羽和过肥等因素。

第六,人工授精用具的清洗消毒不彻底,不用蒸馏水煮沸,水中的矿物质沉淀于杯壁或集精杯消毒后不烘干而损伤精子进而影响受精率。

第七,其他因素,如输精时间、间隔与输精量,刚开产鸡群,开产与不开产未做明显的区别标志,有漏输现象存在等而影响受精率。

四、孵　化

如是小的饲养户,建议将种蛋卖给大的炕坊统一孵化售卖雏鸡。具有一定规模的养殖场,则要自己配备孵化室。现代化的孵化箱孵化规模和孵化效果已经达到相当高的水平,并实现了自动化的控制,建议购买大厂家生产的孵化机进行孵化。

1. 挑选合格的种蛋　主要依靠外观选择:

(1)蛋形　椭圆形的蛋孵化最好,过长过瘦的或完全呈圆形的蛋都不能很好孵化,合格种蛋的蛋形指数为 $0.72\sim0.75$。

(2)蛋重　品种不同,对蛋重大小的要求不一,蛋重过大或过小都会影响孵化率和雏鸡质量。一般要求黄羽肉鸡种蛋重在48～62克。

（3）蛋壳颜色　壳色应符合品种要求，尽量一致。

（4）清洁度　合格种蛋的蛋壳上，不应有粪便或破蛋液污染。用脏蛋入孵，不仅本身孵化率很低，而且可污染孵化器以及孵化器内的正常胚蛋，增加臭蛋和死胚蛋，导致孵化成绩降低，健雏率下降，并影响雏鸡成活率和生长速度。

（5）蛋壳厚度　蛋壳过厚的钢皮蛋、过薄的砂皮蛋以及薄厚不均的皱纹蛋，都不宜用来孵化。

（6）手抓轻微碰撞　用手抓2～3个蛋轻微碰撞，声音清脆为好蛋；如果声音暗哑，则说明有破蛋，一般要剔除。

2. 种蛋的消毒措施　每次捡蛋完毕，立刻在鸡舍里的消毒室对种蛋进行消毒或者送到孵化场消毒。种蛋入孵后，应在孵化器里进行第二次消毒。消毒方法主要有：

（1）甲醛熏蒸消毒法　每立方米空间用42毫升福尔马林（40％甲醛水溶液）加21克高锰酸钾密闭熏蒸20分钟，可杀死蛋壳上95％以上的病原体。在孵化器中进行消毒时，每立方米用福尔马林28毫升加高锰酸钾14克，但应避开发育到24～96小时的胚龄。

（2）过氧乙酸熏蒸消毒法　每立方米用16％过氧乙酸溶液40～60毫升加高锰酸钾4～6克，熏蒸15分钟。

（3）消毒王熏蒸消毒　用消毒王Ⅱ号按规定剂量熏蒸消毒。

（4）新洁尔灭浸泡消毒法　用含5％的新洁尔灭原液加水50倍，即配成1∶1000的水溶液，浸泡3分钟，水温保持在43℃～50℃。

（5）碘液浸泡消毒法　将种蛋浸入1∶1000的碘溶液中0.5～1分钟。浸泡10次后，溶液浓度下降，可延长消毒时间至1.5分钟或更换碘液。溶液温度保持在43℃～50℃。

3. 胚胎发育　鸡胚的整个发育过程分为两个时期：第一时期是胚胎在种蛋形成过程中的发育；第二时期是胚胎在母体外借助于一定的外界适宜条件进行的发育，这个过程称之为孵化。肉鸡在孵化阶段发育时间为 21 天左右，不同的配套系略有差异。孵化期过于缩短或延长，对孵化率以及雏鸡的质量都不利。鸡胚发育的主要特征：

第一天，头突清楚，血岛出现，俗称"鱼眼珠"。

第二天，入孵 30 小时可见心脏开始跳动，出现血管，照检时可见卵黄囊血管区，形似樱桃，俗称"樱桃珠"。

第三天，眼的色素沉着，并且翅、足的芽体清晰可见，俗称"蚊虫珠"。

第四天，胚胎与蛋黄分离，尿囊明显可见，照蛋时蛋黄不容易转动，胚和卵黄囊血管形似蜘蛛，俗称"小蜘蛛"。

第五天，眼的黑色素大量沉着，照蛋可见明显的黑色眼点，俗称"单珠"或"起眼"。

第六天，照蛋时，可见头部和增大的躯干部两个圆团，俗称"双珠"。

第七天，胚胎在羊水中不易看清，俗称"沉"。

第八天，胚胎在羊水中浮游，背面两边卵黄不易晃动，俗称"浮"或"边口发硬"。

第九天，卵黄两边易晃动，尿囊血管伸展超过卵黄囊，称"晃动"或"窜筋"。

第十天，尿囊血管在蛋的小头合拢，除气室外，整个蛋布满血管，俗称"合拢"。

第十一天，胚胎背部出现绒毛，尿囊液达到最大量。照蛋可见血管加粗，颜色加深。

第十二天，胚胎开始吞食蛋白作为营养。

第十三至第十四天，胚胎全身覆盖绒毛，血管加粗加深。

第十五至第十六天，体内外的器官大体上都形成了，大部分蛋白也进入羊膜腔。

第十七天，蛋白全部输入羊膜腔，蛋小头看不到透明的部分，俗称"封门"。

第十八天，胚体转身，喙朝向气室方向。照蛋时可见气室倾斜，俗称"斜口"。

第十九天，气室有翅膀、喙、颈部的黑影闪动，俗称"闪毛"。

第二十天，鸡大批啄壳出雏。

第二十一天，正常出雏结束。

在孵化过程中，胚胎逐日表现出孵化的特征，我们可以以此作为标准，了解孵化过程中的胚胎发育状况，以方便我们适时调整孵化条件，保证按时保质地出雏。

4. 看胎施温 根据胚胎发育长相进行调温，即看胎施温：按照鸡胚发育的自然规律，画出逐日胚龄的标准"蛋相"，然后根据胚胎各胚龄的发育长相与"标准特征"的差距来调节孵化温度，一般通过几个批次的仔细看胎，就可制定出适合一定机型、某一品种、在一定室温条件下的最佳施温方案。

在实际孵化过程中，胚胎发育并不是在同一个水平，每个蛋存在着个体差异，发育有快有慢，老龄鸡种蛋的胚胎发育往往表现为快中慢"三代珠"，差异较为明显；产蛋高峰期的胚胎发育较为整齐，差异较小。因此，在平时看胎过程中必须掌握一些看胎的基本原则，即按 70% 胚蛋的整体情况进行判断，如果 70% 胚胎符合当时胚龄的蛋相标准，20% 左右稍快，10% 左右发育偏慢，我们则认为定温是适当的；如果 20% 以上胚胎发育过快，且死胚率较高，胚胎血管受热充血，则表明用温偏高，应注意适当降温；如果不足 70% 的胚胎达到标准，说明温度偏低，应适当加温或维持原温，直到达到要求为止。

看胎施温，并不是要求每天都去看。频繁去看的坏处：一是多次打开孵化箱门,放掉一部分温度,不利于胚胎的正常发育;二是胚胎发育是一个连续过程,邻近日龄之间胚胎长相的差异不都是很明显的,初学者不易掌握。因此,在整个孵化期要抓住第五天"起眼期"或称"单珠"、第十天"合拢期"、第十七天"封门期"这3个关键时期,并根据这3个时期的胚胎发育特征与实际发育的状况进行调节温度,就能达到看胎施温的要求。

5. 孵化过程中的技术管理

(1)温度的调节　调节温度应首先了解3种不同温度的概念,即孵化给温、门表温度和胚蛋温度。

孵化给温:也称设定温度。指固定在孵化器里的感温器件,如水银电接点的温度计所控制的温度,这是孵化技术人员人为设定的。当孵化器里温度超过设定的温度时,它能自动切断加热电源停止供温;当低于设定温度时,又接通电源,恢复加温。

胚蛋温度:胚蛋发育过程中,自身所产生的热量,使胚蛋温度逐渐上升,在实际操作中,胚蛋温度指紧贴胚蛋表面温度计所示温度或有经验的人用眼皮测得的温度。

门表温度:指固定在孵化器门上观察窗里的温度计所示的温度,也是值班人员记录的温度。

以上3种温度是有区别的,但只要孵化器设计合理,温差不大,孵化室环境温度适宜,则门表温度可视为孵化给温。

孵化器的控温系统,在入孵后到达设定温度后,一般不要随意变动。照蛋、停电或维修引起的机温下降,一般不需要调节控制系统,过一段时间它将自动恢复正常。在正常情况下机温偏低或偏高 0.2℃～0.4℃时,要及时调整,并要观察调整后的温度变化。

(2)通风的调节　当恒温时间过长时,说明机内胚胎代谢热过剩,加热系统不需要加热,如不及时降温可能会导致胚胎"自温"超温。因此,当发现恒温时间过长时,就应该打开风门,必要时开启孵化器门来加强通风。

当温度计显示的温度维持的时间与机器加热的时间交替进行时,说明孵化机内通风基本正常。加热系统工作时间过长,门表温度达不到设定温度,说明新鲜冷空气进入机内太多或排气量过大,需要调小风门。

(3)照蛋(图4-9) 照蛋是检查胚胎发育的重要方法之一。在整个孵化期,除第一次照蛋是剔除无精蛋和早期死胚外,平时还要定期抽检,检查胚胎的发育是否与发育标准相符,以便及时调整孵化温度。

图4-9 照 蛋

(4)落盘(图4-10) 由于胚胎发育的18~19天是鸡胚从尿囊绒毛膜呼吸转为肺呼吸的生理变化最剧烈时期,鸡胚气体代谢较为旺盛,应激易造成胚胎死亡。因此,建议落盘以在孵化满19天时间为佳。落盘过程中,要注意提高环境温度,动作要轻、要快,减少破损蛋,并利用落盘注意调盘调架,弥补因孵化过程中胚胎受热不均而致胚胎发育不齐的影响。

(5)出雏以及雏鸡管理 随着孵化技术的提高,如果种蛋品质好,胚胎发育整齐度好,在很短的时间里能出雏完毕,采用一次性捡雏能提高劳动效率。

图 4-10　落　盘

　　从出雏器里捡出的雏鸡,要按不同的品种、代次存放在雏鸡存放室,并贴上标签或放入卡片,以免搞混。夏季要注意雏鸡的通风,冬季要保持室内一定的温度,尽快做好雏鸡的雌雄鉴别、注射疫苗、分级装盒等工作。

第五章　土杂鸡疫病防治

第一节　防疫体系的建立

一、制定卫生防疫制度

(一)场区管理制度

第一,鸡场一律谢绝参观生产区,非生产人员不得进入生产区。本场的生产和工作人员进入生产区,要更衣、更换胶靴、戴帽,经消毒池消毒后方可进入。车辆进出同样要经过消毒池(图 5-1)消毒。消毒池内的消毒液要经常更换,保持有效。冬季应放入适量盐防止消毒液结冰。

第二,饲养人员要坚守岗位,不得串舍、串棚,器具和所有用具必须固定在本舍使用,料用和粪用铁锹必须严格分开。

第三,生产区穿戴的衣鞋等均不得穿出区外,用后洗净,并用 28 毫升/米^3 的福尔马林熏蒸消毒,有疫情时可加大到 42 毫升/米^3。

第四,鸡场不得种高大树木,防止野鸟群集或筑巢。要经常开展灭鼠、灭蚊蝇工作。

第五,鸡舍内外要定期清扫、消毒。所有器具(包括料槽、水槽)必须常清洗消毒。育雏水槽、料槽每天须清洗消毒 1 次。

第六,鸡舍要按时通风换气,保持空气新鲜,光照温和,湿度要适宜。新鸡进舍前都要调试好空气。

第七,杜绝市售禽产品进场。住在场内的工作人员除不得外购任何种类的禽产品(应由本场供应自产的产品)外,也不得饲养家禽或其他鸟类。

(二)引种、疫病监测和病、死鸡处理制度

第一,引种时必须了解当地的疫情和免疫等情况,并要向有关兽医检疫部门报告,种鸡、雏鸡要经检疫。引种后须经隔离观察确认无疫情才能进场。

第二,加强饲养管理,经常观察鸡群健康状况,做好疫病监测和疫苗接种工作。

第三,严格处理病鸡、死鸡。死鸡或病鸡应由专人处理,尽快用密闭的容器从鸡舍中取走,剖检后焚尸或深埋。容器应消毒后再用。

图 5-1 鸡场大门口的消毒池和冲洗设备

二、制定合理免疫程序

免疫是通过预防接种(通常主要指接种疫苗),使家禽体内产生对某种病原体的特异性抗体,从而获得对相应疾病的免疫力。定期预防接种是防治家禽传染病的最重要手段。

不同品种的鸡免疫程序有所不同,具体可根据育种公司提供的免疫程序执行,同时可根据当地的具体情况和抗体检测结果灵活运用。

(一)制定科学合理的免疫程序与制定免疫程序的依据

1. 根据鸡场的发病史 每一个鸡场都有自己的发病史,制定免疫程序时必须考虑本场已发生过的疾病、发病的日龄、发病率和发病批次,以确定疫苗的种类和免疫的时机。

2. 鸡场原有的免疫程序和使用的疫苗 如果一传染病始终控制不住,这时应考虑原有的免疫程序是否合理或疫苗的毒株是否能够保护该场流行的毒株,以此可以作为改变免疫程序和疫苗种类的依据。

3. 雏鸡的母源抗体 接种疫苗应尽可能不受母源抗体的干扰。干扰最大的是传染性法氏囊病,其次是新城疫、传染性支气管炎等。了解雏鸡母源抗体的水平、抗体的整齐度、半衰期与母源抗体对疫苗不同接种途径的干扰,有助于确定首免时间,如新城疫半衰期为 4~5 天、传染性法氏囊病半衰期为 6 天。新城疫克隆苗可以突破母源抗体,不受母源抗体的干扰。

4. 合理确定免疫日龄 两次免疫接种的时间间隔一般不少于 5 天,以避免干扰素的干扰。传染性法氏囊病首免要单独进行,传支弱毒苗和新城疫弱毒苗单接需间隔 8~10 天,但新支二联活菌除外。另外,每次接种的弱毒苗不要超过 2 倍剂量,加上灭活苗不超过 3 倍剂量,对主要流行疾病采用单苗接种。

5. 免疫接种日龄与鸡体易感性的关系 马立克氏病的免疫必须在出壳后 24 小时内进行,因为雏鸡对马立克氏病毒易感性高,随着日龄的增长对马立克氏病毒易感性降低。

6. 免疫途径 不同疫苗或不同的免疫途径可以获得截然不同的效果,如新城疫点眼、滴鼻明显优于饮水免疫。可以这样说,对呼吸道传染病首免最好用点眼、滴鼻或气雾免疫,这样既能产生好的免疫应答,又能避免母源抗体的干扰。

7. 季节与疫病发生的关系 有许多疾病受外界影响很大,尤其季节交替、气候变化很大时常发,如肾型传染性支气管炎、慢性呼吸道病等,免疫程序必须随季节变化而有所变化。

8. 了解疫情 如附近鸡场暴发传染病时除采取常规措施外,必要时应进行紧急接种。

9. 对重大疫情本场没有的也应考虑接种 如禽流感等。

10. 在对某一疾病使用多种类型疫苗时,通常首先使用毒力最弱的疫苗,然后再用毒力较强的疫苗 如新城疫和传染性支气管炎的免疫,首先选择新城疫Ⅱ系活菌、传染性支气管炎 H_{120} 或者新支二联活菌($LaSota+H_{52}$)在新城疫污染严重地区,在 60 日龄后可接种新城疫Ⅰ系活菌。

11. 活苗和灭活苗的联合使用 对烈性传染病应考虑灭活苗与活苗的兼用,同时了解活苗死苗的优缺点与相互关系,进行合理地搭配使用,如新城疫、传染性支气管炎等。要使鸡获得较高而且均匀的抗体水平,最有效的方法是先使用 1 次或者几次含有特定抗原的活苗,然后再注射灭活苗,活苗"激活"了鸡的免疫系统,接种灭活苗时会产生很好的应答,如在新城疫高发区,可以在 1 日龄的滴鼻免疫时,同时在颈部皮下注射灭活苗,这样会起很好的保护作用。

(二)确定适合本场的免疫程序,选择合适的疫苗

1. 生产厂家 要选择正规厂家,注意包装日期、保存和使用方法、使用剂量。

2. 疫苗的类别 对于有 2 次以上的免疫最好选用多亚型的疫苗,以增加疫苗的免疫保护率。

3. 疫苗的使用剂量 一般疫苗不需要加大剂量,考虑疫苗在

冻干、运输、保存中失活和使用方法的损失,在特殊情况下(如紧急接种)有些疫苗常常加倍剂量使用,如传染性支气管炎、传染性法氏囊病、新城疫等。

4. 疫苗的使用方法 不同的疫苗使用不同的途径所产生的效果是不同的,如新城疫疫苗的点眼和喷雾效果比饮水要好得多,所以不同的疫苗应使用不同的方法,有点眼、滴鼻、喷雾、饮水、注射等,但是无论使用什么方法,在免疫过程中,疫苗都应该在 2 小时内用完,时间长了会降低疫苗的效价。滴瓶、连续注射器和刺种针见图 5-2、图 5-3、图 5-4。

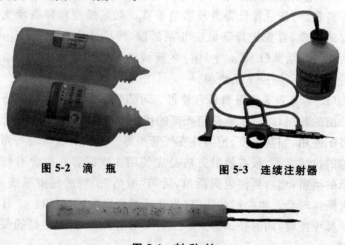

图 5-2 滴 瓶   图 5-3 连续注射器

图 5-4 刺种针

5. 疫苗免疫效果 免疫与鸡群营养状况关系密切,营养状况良好,可获得好的免疫效果。当鸡群暴发疾病时或在潜伏期感染时应尽量避免接种疫苗,以免造成更大损失。

(三)常用免疫程序

见表 8-1,表 8-2。

表 8-1 土杂鸡肉鸡免疫程序表

免疫日龄	疫苗名称	接种剂量	免疫方式
1	马立克氏病 CVI-988 液氮苗	1 头份	颈部皮下注射
6	新支二联活苗	1 头份	点 眼
10	新城疫＋禽流感($H_5＋H_9$)	0.3 毫升	颈部皮下注射
13	传染性法氏囊病	1 头份	滴 口
21	新城疫＋禽流感($H_5＋H_9$)	0.3 毫升	肌 注
23	传染性法氏囊病	2 头份	饮 水
	新支二联活苗	2 头份	饮 水
40	新城疫Ⅳ系	3 头份	饮 水
60	新城疫Ⅳ系	3 头份	饮 水

表 8-2 土杂鸡产蛋鸡免疫程序表

免疫日龄	疫苗名称	接种剂量	接种方法
1	马立克氏病 CVI9 88 液氮苗	1 头份	颈部皮下注射
6	新城疫＋传染性支气管炎二联活疫苗($LaSota＋H_{120}$)	1 头份	滴鼻、点眼
10	新、支、法三联灭活油苗	0.3 毫升	颈部皮下注射
12	传染性法氏囊病活苗	1 头份	滴鼻、点眼
14	禽流感灭活油苗($H_5＋H_9$)	0.3 毫升	颈部皮下注射
21	新、支二联活苗($LaSota＋H_{120}$)	2 头份	饮水、滴鼻、点眼、气雾
24	传染性法氏囊病活苗	1.5 头份	饮水、滴鼻、点眼

113

续表 8-2

免疫日龄	疫苗名称	接种剂量	接种方法
55	新支二联活苗(LaSota＋H_{52})	3 头份	饮水、滴鼻、点眼、气雾
60	禽流感灭活油苗($H_5＋H_9$)	0.5 毫升	胸部肌内注射
85	鸡 痘	1 头份	刺 种
100	新城疫 I 系苗	1 头份	胸部肌内注射
110	禽流感灭活油苗($H_5＋H_9$)	0.7 毫升	胸部肌内注射
120	新支减三联或新支减法四联油苗	0.7 毫升	胸部肌内注射

注:根据抗体水平,每1～2个月用新城疫(Lasota)4头份饮水1次

三、常用消毒、免疫方法和给药途径

严格消毒和适时免疫是防止疾病发生的有效措施。

(一)消毒方法

1. 喷洒消毒　通常用农用各种型号喷雾器将配制好的消毒液,如烧碱、过氧乙酸等对鸡舍、道路进行喷洒。

2. 熏蒸消毒　原理是用消毒药经过处理产生气体杀灭病原微生物,常用药物为福尔马林和高锰酸钾。此方法安全、操作方便。熏蒸消毒时要求环境密闭,室温15℃～20℃,空气相对湿度60％～80％,效果最好。一般鸡舍消毒,每立方米福尔马林用量25毫升、高锰酸钾12.5克,密闭熏蒸24小时。去除甲醛残留方法:一是通风,二是用氨水中和。

3. 浸泡消毒　将一定比例的消毒液放置在水池或其他合适的容器内,将生产工具、小型设备、器械等放入消毒液中浸泡一定

时间,以杀灭病原微生物。

4. 物理消毒　火焰消毒是用高热将病原微生物杀死。鸡场常用火焰消毒器对空闲鸡舍的地面、墙壁、围网等进行火焰喷烧消毒。

5. 生物消毒　是利用一些生物来杀灭或清除病原微生物,如鸡场常将鸡粪、垃圾堆积发酵,对污水进行生物净化,对环境进行生物清洁处理,以减少污染。

(二)免疫方法

要求疫苗必须来自有生产许可证的厂家,并且是获得批准签发的产品。运送疫苗时一定要使用防水和保温容器,贮存应符合厂商制定的条件。用户需记录使用疫苗名称、型号、批号、剂量、使用方法等,并及时处理空瓶。

1. 皮下注射

第一,技术员事先调好剂量,针头和注射器都要经过煮沸和烘干消毒才可使用。

第二,操作:提起鸡只颈部皮肤,用 7 号针头在颈部后 1/3 处进针(图 5-5)。

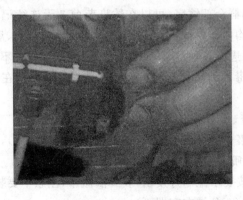

图 5-5　颈皮下注射

第三,要求进针方向与鸡背方向成水平,以免注射到血管和神经而造成死亡。

第四,注射时可以明显感觉到疫苗注射在两手指之间。

注意:一是在操作过程中要经常检查连续注射器的剂量是否准确,出现问题要及时纠正;二是操作人员在注射第一瓶疫苗时应记住总共的注射只数,之后根据鸡只数,再来适当调节注射器的剂量;三是要求操作人员在注射过程中,禁止说话,集中精力操作,尽量减少因操作不当造成的鸡只死亡,并杜绝漏免鸡只。

2. 饮水免疫

第一,用 15℃~20℃ 的凉开水或深井水对疫苗,要求水质达标。疫苗应在疫苗瓶完全浸入水中后再开瓶。

第二,对鸡只适当控水:一般 30℃ 以上停水 1~2 小时,或根据观察大约 80% 的鸡只找水喝时,可以进行饮水免疫。

第三,疫苗对好后,尽量让鸡只在同一时间内喝到疫苗水。

注意:一是在配制疫苗时要在水中加入脱脂奶粉(0.2%~0.3%),以增强免疫效果;二是盛放疫苗时不能用金属器具,不可在太阳直射下(太阳直射角超过 45°时对疫苗有杀害作用);三是为了保证鸡群全部饮完,可以在饮疫苗前 3 天连续记录鸡的饮水量,取其平均值作为饮水量的参考;四是饮水免疫前、后各 2 天,禁止在鸡舍内进行各种消毒(带鸡消毒等)和在饲料中不得含有能杀死疫苗(病毒和细菌)的药物;五是疫苗对好后要求在 2 小时内饮完。

3. 点眼、滴鼻(图 5-6)

第一,事先量好滴嘴药量(比如每毫升是多少滴),尽量选用大小一致的滴嘴。

第二,按要求配制好疫苗,装到滴瓶中(注意不要装得太多,一般可以用到 20 分钟左右即可)。

第三,左手抓鸡,右手持装好滴嘴的滴瓶,将鸡头右侧朝上;滴头离鸡眼（鸡鼻）1厘米距离呈垂直方向捏滴瓶，滴1滴疫苗于眼中，稍等片刻等疫苗完全吸收后再放开鸡。

注意：一是疫苗要现用现配，一般要求最多不超过2小时，时间越短越好（超过2小时的不能再用）；二是技术员和管理人员要起到监督的作用，以免违规操作和漏免现象的发生。

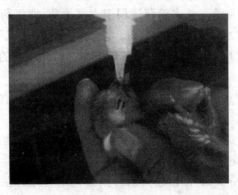

图5-6 滴鼻、点眼

4. 气雾免疫

第一，减少舍内灰尘，增加湿度：喷雾免疫前10小时应先喷水（但不能喷雾消毒），应喷成雾状，高度在1.7米左右。

第二，防止鸡群应激：尽量让最少的人进入鸡舍，可先关灯或遮暗光线后缓缓进入鸡舍。

第三，关闭门窗及排气扇，喷完15～20分钟后再开窗和通风。

第四，保持舍内适宜的温度和湿度：舍内理想温度要比正常需要的温度高2℃，空气相对湿度应在70%左右。

第五，必须在鸡群健康状态下免疫，尤其是应无呼吸道疾病。

第六，喷雾高度：应距离地面1米，在鸡头上方40厘米处平行喷雾，使雾滴迅速沉降到鸡身上，这样不至于会挥发到空气中而失效。

(三)给药途径

依据鸡群的大小、药物的理化特性、鸡的功能状态、疾病的类型和发病部位选择给药的途径,选择药物最好是特效或高效、使用方便、安全范围广、对鸡刺激小的。

1. 饮水给药　饮水给药适用于大群给药,即将药物溶于饮水中,再通过饮水达到给药的目的。饮水给药应注意以下问题:

第一,饮用水必须清洁卫生,碱性小。碱性较大的自来水应先进行曝气。

第二,饮水给药前,鸡群最好停止饮水 2 小时左右。预防性投药不必停水。

第三,严格把握给药剂量(多以每升饮水含药物的毫克量计算),药物应充分溶解,小剂量药物应先预溶,片剂、丸剂溶解前应充分研磨成粉状,对毒性较大的片剂或丸剂、粉末,在溶解后应用双层纱布过滤,以免鸡只吞食大颗粒而中毒。

第四,夏季应防止某些鸡只过饮而中毒。

第五,饮水给药应现配现用,有些药物溶于水中时间延长会降低药效或变质;应及时更换药水。

第六,不溶或微溶于水的药物不能采用饮水给药的方法,而应改为混饲给药。

2. 混饲给药(图 5-7)　此法适合大群给药,即将药物均匀地混入饲料中,通过采食而达到给药目的。混饲给药常用粉剂,尽量不用片剂或丸剂。混饲前应预混,确保药物混合均匀,药物剂量应严格控制。用药时密切注意鸡的不良反应。此法也适用于预防性给药。

3. 气雾给药　即将药物溶于水中,用气雾发生器将药物喷入舍内,鸡通过呼吸将药物吸入呼吸道和肺内而达到给药目的,所用药物应对呼吸道刺激性小。此法亦适用于大群给药,主要用于呼

图 5-7　混饲给药

吸系统疾病的治疗。气雾给药时应尽量减少通风,雾滴直径应在
5~50 微米。此法也可用于"带鸡消毒"或气雾免疫。

4. 口投法　此法适用于个体投药,也适用于大群中少数失
去采食、饮水能力的鸡只,即将片剂、丸剂、胶囊剂、水剂、粉剂经
口投入。

5. 滴鼻法　此法既适用于小群鸡只,也适用于大群雏鸡,即
将药物按剂量水溶后用滴管从鼻孔滴入鼻腔内而达到给药目的。
给药时,操作员用手指堵住一侧鼻孔,将药物滴入另一侧鼻孔,鸡
吸气时将药物吸入鼻腔内。此法多用于呼吸器官和呼吸道疾病,
也广泛用于雏鸡免疫接种。

6. 嗉囊注射法　用针头刺入鸡只嗉囊内并推入药液。此法
适合个体用药,适用于刺激性较强药物的投药。此法操作时用药
剂量要准确,操作时应严格消毒。

7. 肌内注射法　以上给药方法效果欠佳时可用此法,也适用
于个体用药。用药时操作员将吸有药液的注射器针头刺入鸡丰厚
的胸肌或腿部肌肉内,推入药液,给药时应注意消毒,大群给药可

用连续注射器。注射时应注意手的姿势与动作连贯,即刺、挑、推连贯。"刺"即针头刺入肌肉,不可太深而入骨、入胸腔、入腹腔;"挑"即挑起针头,感觉针在肌肉内即可,不可打"飞针";"推"即推注药液,应注意推入药物的体积。

8. 静脉注射法 此法适用于个体用药,操作员一只手保定并压住翅下静脉近心端使其怒张,将小号针头(最好是头皮针)的尖端刺入静脉内,有血液回流后,松开血管,将药液注入。静脉注射法药效迅速、确实,但不易掌握,因而临床上较少使用。

四、免疫失败的原因

(一)疫苗质量差

许多养殖户贪图便宜,从非正规的途径采购疫苗,往往这些疫苗使用的是非 SPF 蛋生产的疫苗,在疫苗中已经含有了病原微生物,这样在接种疫苗的同时就感染了病原微生物。再就是抗原的含量不足、冻干或密封不佳、油乳剂疫苗油水分层、生产过程污染等,这些因素也都可影响免疫效果。

(二)疫苗贮运不当

不同种类的疫苗在贮存和运输过程中有不同的温度要求。同是冻干苗,因保存期限不同,要求温度也不同。疫苗在运输和保管中如果温度过高或过低或反复冻融,都会使疫苗的效价降低或者失效。

(三)疫苗选用不当

相同的病毒有不同的血清型、血清亚型或基因型,一旦没有根据本地区、本场的具体情况选用疫苗,就会造成免疫效果不好,甚至诱发疫病。

（四）应激因素

在免疫过程中出现了比较强的应激原，比如环境过冷、过热、通风不良、转群、突然的噪声、营养不良或者疫病等原因都可导致免疫应答差，最终不能达到最佳免疫效果。

（五）母源抗体

种蛋来自于日龄、品种和免疫程序不同的种鸡群，导致雏鸡群中母源抗体水平不同，干扰了后天免疫，易受野毒感染而发病。

（六）免疫抑制

雏鸡免疫后在产生抗体前感染了马立克氏病病毒、传染性法氏囊病病毒、呼肠孤病毒、白血病病毒等，损害了胸腺、法氏囊、脾脏和其他免疫器官；或者饲料中营养成分不均衡，导致免疫器官重量减轻；还有长期服用一些对免疫器官有害的药物。这些都会导致免疫过程受到抑制，抗体应答下降，无法形成保护。

（七）免疫程序和接种途径不当

免疫程序没有结合本地和本场的实际情况制定，在流行季节没有考虑加强免疫，疫苗选择不当；接种时贪图省事，使用饮水免疫没有采用最佳的接种途径，滴鼻、点眼等都会导致疫苗保护力不强，从而感染发病。

（八）疫苗稀释不当或操作不当

不按产品的说明书规定的稀释量，人为地增加或减少，过多增加剂量会造成免疫麻痹，形成免疫抑制；过少就不能有效刺激机体产生足够的抗体。还有在操作时，没有按说明使用稀释液或者在做饮水免疫时没有在水中添加脱脂奶粉；饮水免疫时，控水时间过长或过短,疫苗水量没有控制好,使鸡只饮入的疫苗水不足,或有的鸡无法饮到疫苗水;点眼或滴鼻时放鸡过快,药液没有吸入,造成抗体水平不均或无法产生抗体;另外,免疫器具受到污染,带入野毒引起鸡群在免疫空白期内发病等。

五、疫病扑灭措施

(一)疾病的发生和传染

传染病的传染方式有两种途径:一种是直接接触传染;另一种是间接传染,即通过人、畜、昆虫、饲料、饮水和用具等传染。一般病菌由病鸡呼吸道、消化道排出,或由昆虫在鸡身上吸血引出。当病菌脱离病鸡后,常以下列方式传染:

1. 病鸡与健康鸡相互接触 包括病愈的鸡和外表看来很健康其实带有病菌的鸡,都能够使健康鸡感染。

2. 饮用水、饲料以及土壤的传染 病菌被排出体外后污染了饮用水和饲料,易感的健康鸡吃后,就有可能传染得病。因此,平时饮用水和饲料都要保持清洁,不能被鸡粪污染。运动场上的小水坑最易积留污水,增加传染疾病的机会,应填埋。

3. 空气传染 在饲养密度较高和通风不好的鸡舍,空气传染的机会很多,特别是在含氨量高的鸡舍内,常诱发呼吸道病。

4. 昆虫传染 蚊、蝇常是传染病的媒介。它们会吸病鸡血后又去吸健康鸡血而传染病菌,还会将病鸡排泄物中病菌带到饲料和饮用水中去。

5. 人、鸟类动物和机械的传染 工作人员、车辆和各种用具,是传染病的主要媒介。各种野生鸟类和老鼠也常成为疾病传染的媒介。

6. 尸体传染 病鸡尸体、内脏和羽毛等接触过的用具带有病菌,健康鸡与这些东西接触就易引发疾病。

（二）疫病扑灭措施

鸡场一旦发生疫情，应及时采取扑灭措施。

1. 查明传染来源，了解疫情，及时诊断　当鸡群出现传染病时，立即向饲养员了解鸡传染病经过、发病时间、只数、死亡情况。要对病鸡做出初步诊断，在保证不散毒的情况下，剖检尸体，取出病变组织连同剖检记录一起送检化验，或者把病鸡或刚死鸡盛放在密闭容器内，快速送兽医部门检验。确诊后，应立即把疫情报告当地兽医主管部门和上级单位，以便及时通知周围鸡场采取预防措施，防止疫情扩大。

2. 严密封锁　要求做到"早、快、严、小"，也就是及早发现疫情，尽快隔离病鸡，尽快采取极有效措施，把疫区封死、封严，严格执行防疫制度，尽最大努力把疫情控制在最小范围内并迅速扑灭。发病鸡场停止雏鸡和种鸡的进入、出售或外调，待病鸡痊愈或全部处理完毕，鸡舍、场地和用具经严格消毒后 2 周，确定无疫情发生后，再经过消毒后，才能解除封锁。

3. 隔离　鸡舍限于本场饲养员和指定兽医出入，其他人员一律不得往来。对病鸡采取对症治疗和特效治疗，直到恢复健康。在鸡群中出现具有传染病特征的病鸡应立即隔离，尽快将出现早期症状病鸡和可疑病鸡与健康鸡分开，逐一检查，单独护理。

4. 应采取紧急预防和治疗　给易感鸡群接种特异性疫苗，对患病鸡群采取对症治疗，比如采取血清治疗。一般在最后 1 只病鸡治愈后 15～20 天可宣布传染病流行结束。当确诊为鸡新城疫等烈性传染病时，应立即对全场健康鸡群用疫苗进行紧急接种。

5. 妥善处理病死鸡　对所有病重的鸡都要坚决淘汰，病势较轻的鸡可根据具体情况采用有效方法进行治疗。死鸡的尸体、病鸡的粪便、垫料等，要运到远离鸡舍的地方或运往指定地点烧毁深埋。

第二节　常见疾病诊疗

一、鸡新城疫

鸡新城疫又称亚洲鸡瘟,它是由副黏病毒引起的鸡的一种急性、高度接触性的烈性传染病。鸡新城疫病毒只有 1 个血清型,但不同毒株间致病力不同。

【症状和病变】 体温升高,精神不振,羽毛松乱,缩颈闭眼,食欲减少或废绝,腹泻,粪便呈黄绿色或黄白色,嗉囊积液,倒提鸡时常有大量淡黄色酸臭液体从口中流出。

呼吸困难,张口伸颈,带有喘鸣声或"咯咯"的怪声,有吞咽动作,鸡冠、肉髯呈青紫色。

部分病鸡出现腿麻痹、脚爪干瘪、瘫痪、鸡体消瘦、头颈扭曲、后仰、转圈等神经症状,多见于雏鸡与育成鸡。

产蛋鸡出现产蛋量下降,蛋壳质量变差,褪色蛋、白壳蛋、软壳蛋、畸形蛋增多。

口、咽部蓄积黏液,喉头和气管黏膜充血、出血,有黏液,气囊膜增厚,有时可见干酪样渗出物。

腺胃乳头出血、溃疡,腺胃与食管、肌胃交界处黏膜有针尖大或条状出血。十二指肠与小肠黏膜有出血和溃疡,常形成岛屿状或枣核状坏死溃疡灶,盲肠扁桃体肿胀、出血和溃疡,直肠和泄殖腔出血,胸腺、胰腺常见点状出血,腹脂出现细小出血点。

产蛋鸡出现卵泡变形、出血以及因卵泡破裂引起的腹膜炎。

非典型新城疫病理变化不典型,主要表现为呼吸道症状、肠道和泄殖腔充血、出血。

【防治措施】 严格执行防疫卫生措施,杜绝病原侵入鸡群,防止从外地购入病鸡和带毒鸡,严防鸟类、猫、鼠等动物和外来人员进入鸡舍。

认真做好免疫接种工作,增强鸡的特异性抵抗力,重视抗体监测,对鸡群进行定期新城疫抗体检测,及时了解抗体升降情况,建立适合本场的免疫程序。

参考免疫程序:

商品肉鸡:8～10日龄用新城疫Ⅳ系或克隆-30疫苗,滴鼻、点眼;20～24日龄二免,用新城疫Ⅳ系苗饮水;40日龄三免。

肉种鸡:8～10日龄用新城疫Ⅳ系或克隆-30疫苗,滴鼻、点眼;20～24日龄新城疫Ⅳ系苗饮水。同时注射0.6～1个头份的新城疫油乳剂苗。污染严重地区,可于40～50日龄Ⅳ系苗饮水,同时注射油乳剂苗。开产前,用新城疫Ⅳ系苗饮水或注射新城疫Ⅰ系苗,同时注射新城疫油乳剂苗。在整个生产期内,定期监测抗体,如发现新城疫抗体滴度离散性大,可用新城疫Ⅳ系苗饮水或喷雾,以提高低滴度个体的保护力。

对发病鸡群可用新城疫Ⅳ系或新城疫Ⅰ系活苗进行紧急接种,饲料中添加多维素和抗菌药物,以提高机体抵抗力,防止细菌继发感染。同时,对鸡舍、用具和环境进行清扫消毒,对鸡群带鸡消毒。

进行鸡新城疫疫苗免疫接种前、后2～3天,在鸡群的饮用水中添加速补等速溶性维生素,以减少应激反应,提高免疫效果。

二、传染性法氏囊病

传染性法氏囊病是青年鸡的一种急性、接触性传染病,其病原体为双链RNA病毒。临诊表现为发病突然,呈尖峰式发病和死亡曲线。本病病毒主要侵害鸡的体液免疫中枢器官——法氏囊,使病鸡法氏囊的淋巴细胞受到破坏,不能产生免疫球蛋白,导致免疫功能障碍(免疫不全或免疫抑制),使疫苗接种后达不到预期效果,还容易感染鸡的其他疾病。

【症状和病变】　发病突然，精神不振，采食减少，翅膀下垂，羽毛蓬乱无光泽，怕冷，在热源处扎堆，或在墙角呆立，呈衰弱状态。

病初，可见有的病鸡啄自己的泄殖腔，排黄色稀粪，后出现白色水样粪便，泄殖腔周围羽毛被粪便污染。急性者出现症状后1～2天内死亡。病鸡脱水严重，趾爪干瘪，眼窝凹陷，拒食，震颤，衰竭死亡。发病1周后，病死鸡数明显减少，鸡群迅速康复。

病死鸡脱水，胸肌和腿肌有条状或斑状出血。腺胃尤其是腺胃和肌胃交界处有溃疡和出血点或出血斑。盲肠淋巴结肿大，并有出血点。肾脏肿大，苍白。输尿管扩张，常见尿酸盐沉积。

法氏囊肿大到正常的2倍或以上，水肿。严重者出血如紫葡萄状，内褶肿胀、出血，内有大量果酱样黏液或黄色干酪样物。一般感染初期法氏囊肿大，后期则开始萎缩，10天以后只有正常体积的1/5～1/3。

【防治措施】　加强饲养管理，建立严格的卫生消毒措施，实行全进全出制，减少或避免各种应激反应。

根据本病流行特点、管理条件、疫苗毒株和鸡群母源抗体状况等条件制定相应的免疫程序。一般14日龄左右用中等毒力的疫苗首免后，24日龄再用中等毒力疫苗免疫1次。母源抗体高的可于18日龄首免，28日龄二免。种鸡可于42日龄和开产前各注射1次油苗，以保证后代雏鸡获得被动免疫。

发病鸡群可适当提高鸡舍温度，在水中添加水溶性维生素和电解质，以增强抵抗力。投服抗菌药物防止继发感染。注射高免血清或高免卵黄抗体有很好的治疗效果，注射越早效果越佳。

三、马立克氏病

鸡马立克氏病是由Ⅱ型疱疹病毒引起的一种高度传染性鸡肿瘤性疾病。

【症状和病变】　根据病变发生的主要部位和症状，可分4种类型：

(一)神 经 型

常见侵害坐骨神经,一侧较轻,另一侧较重,形成一种特征性的"劈叉式"姿态。臂神经受侵害时,被侵一侧翅膀下垂。有的病鸡还表现头颈歪斜,嗉囊麻痹或扩张。有的病鸡双腿麻痹,脚趾弯曲,似维生素 B_2 缺乏的症状。解剖可见一侧或双侧神经肿胀变粗,一般受侵害的神经粗度是正常的 $2\sim3$ 倍,神经纤维横纹消失,呈灰白色或黄白色。有的神经上有明显的结节。

(二)内 脏 型

此型较为多见。流行初期可出现急性病例,病鸡表现精神不振,食欲减退,羽毛松乱,粪便稀薄呈黄绿色,极度消瘦。解剖可见心、肝、脾、肾、肺等组织表面有大小不等、形状不一的单个或多个白色结节状肿瘤,肿瘤质地坚实,稍突出于脏器表面,较光滑,切面平整,呈油脂状。腺胃壁增厚,乳头融合肿胀,有出血或溃疡。肠壁增厚,形成局部性肿瘤。卵巢肿大,肉变,呈菜花状。一般不引起法氏囊肿瘤,但常见法氏囊萎缩。

(三)皮 肤 型

皮肤增厚,有结节或痂皮。毛囊呈肿瘤状,严重时呈疖癣样,多发生于大腿、颈、背等生长粗羽的部位。

(四)眼 型

发生于一眼或双眼,视力丧失,虹膜褪色,瞳孔收缩,边缘不整齐,似锯齿状。严重时整个瞳孔只留下 1 个针头大的小孔。

【防治措施】 加强孵化室的卫生消毒工作,种蛋、孵化箱要进行熏蒸消毒。育雏前期要进行隔离饲养,防止马立克氏病病毒的早期感染。

出壳雏鸡 24 小时内必须注射马立克氏病疫苗,注射时严格按照操作说明进行。个别污染严重的鸡场,可在出壳 1 周内用马立克氏病冻干苗进行二免。我国目前使用的疫苗有冻干苗和液氮苗 2 种,这些疫苗均不能抵抗感染,但可防止发病。冻干苗为火鸡疱疹病毒(HVT)疫苗,它使用方便,易保存,但不能预防超强毒的感染发病,也易受母源抗体干扰,造成免疫失败。液氮苗常为二价或三价苗,需 $-196℃$ 的液氮保存,它可预防超强毒的感染发病,受母源抗体干扰较少。在疫苗使用中应注意以下几点:

第一,接种剂量要足,一般每只需注射 4 000 蚀斑单位(PFU)以上的马立克氏病疫苗,而我国目前的标准量是 2 000 蚀斑/只,在保存、稀释、使用时造成部分损失,常导致免疫剂量不足,所以实际使用时应按说明量的 2~3 倍使用。

第二,保存、稀释疫苗要严格按照操作说明去做,尤其是液氮苗,要定期检查保存疫苗的液氮罐,以保证疫苗一直处于液氮中,稀释时要求卫生、快速、剂量准确。

第三,疫苗稀释后仍需放在冰瓶内,并在 1 小时内用完。

传染性法氏囊病、鸡传染性贫血病、网状内皮组织增生征、沙门氏菌病、球虫病和各种应激因素均可使鸡对马立克氏病疫苗的免疫效果下降,导致马立克氏病的免疫失败,所以在饲养过程中要注意对这些疾病的防治,同时尽量避免各种应激反应。需长途运输的雏鸡,到达目的地时,可补种 1 次马立克氏病疫苗。

四、传染性支气管炎

鸡传染性支气管炎是由冠状病毒引起的鸡的一种急性、高度传染性呼吸道传染病。

【症状和病变】 雏鸡伸颈张嘴呼吸,有啰音或喘息音,打喷嚏和流鼻液,有时伴有流泪和面部水肿。出现呼吸症状 2~3 天后精神不振,食欲下降,常聚热源处,翅膀下垂,羽毛逆立。

雏鸡发生肾型传染性支气管炎时,大群精神较好,表现典型双相性临床症状,即发病初期有2～4天轻微呼吸道症状,随后呼吸道症状消失,出现表面上的"康复",1周左右进入急性肾病变阶段,出现零星死亡。病鸡羽毛逆立,精神委靡,排米汤样白色粪便,趾爪干瘪。

青年鸡发病时张口呼吸,咳嗽,发出"咯啰"声,为排出气管内黏液,频频甩头,发病3～4天后出现腹泻,粪便呈黄白色或绿色。

产蛋鸡发病后,除出现气管啰音、气喘、咳嗽、打喷嚏等症状外,突出表现是产蛋量显著下降,并产软壳蛋、畸形蛋、褪色蛋,蛋壳粗糙,蛋清稀薄如水。

气管、支气管、鼻道和窦腔内有浆液性、卡他性或干酪性的渗出物,气管黏膜肥厚,呈灰白色。

产蛋鸡的腹腔内可见到液状卵黄物质,输卵管子宫部水肿,内有干酪样分泌物。雏鸡病愈后有的输卵管发育受阻,变细、变短或呈囊状,失去正常功能,致使性成熟后不能正常产蛋。

发生肾型传染性支气管炎时,机体严重脱水,肾脏肿大,褪色。肾小管和输尿管内充满白色的尿酸盐,肾脏呈斑驳状花肾。

【防治措施】　无论大小鸡场,都应做好严格的隔离、消毒等防疫工作。加强饲养管理,注意通风换气,避免一切应激反应,尤其是季节交替时的冷应激。

免疫预防:采用弱毒苗和灭活苗联合免疫,可产生呼吸道黏膜的局部免疫和全身的体液免疫。以下免疫程序仅供参考。

黄羽商品肉鸡:7～9日龄H_{120}滴鼻、点眼;40～50日龄用H_{52}滴鼻、点眼或饮水免疫;污染严重地区可于15～20日龄再用1次H_{120}免疫。

黄羽肉种鸡:7～9日龄H_{120}滴鼻、点眼;40～50日龄H_{52}滴鼻、点眼或饮水;开产前灭活油乳剂苗注射,同时用H_{52}饮水免疫。

雏鸡发生肾型传染性支气管炎后的治疗：

第一，避免一切应激反应，保持鸡群安静，停止免疫。

第二，提高育雏舍温度2℃～3℃。

第三，饲料中停止添加任何损害肾脏的药物，如磺胺类药物、庆大霉素、卡那霉素等。毒性较大的药物也应禁止添加，如喹乙醇、球虫药、驱虫药等。

第四，降低饲料中蛋白质水平，蛋白质含量在15%～16%较适宜，同时将多维加倍，尤其是要增加维生素A的用量。

第五，提供充足饮水，并在饮水中添加电解质或保肾药等。

通过上述方法进行治疗可使鸡群死亡迅速减少或停止。

五、鸡　痘

鸡痘是由痘病毒引起的鸡的一种急性、接触性传染病。

【症状和病变】　本病潜伏期为4～8天，分为皮肤型、黏膜型和混合型。

1. 皮肤型痘斑　主要发生在鸡体无毛或毛稀少的部位，特别是鸡冠、肉垂、眼睑、喙角和趾部等处。常在感染后5～6天出现灰白色小丘疹，过3～5天出现明显的痘斑，再过10天左右，痂皮脱落。破溃的皮肤易感染葡萄球菌，使病情加重。

2. 黏膜型痘斑　常发生于口腔、咽喉和气管，初呈圆形黄色斑点，逐渐扩散成为大片假膜，随后变厚成棕色痂块，不易剥离，常引起呼吸、吞咽困难，甚至窒息而死。病鸡表现精神委顿，食欲减退，张口呼吸，常发出"嘎嘎"的声音。

3. 混合型　为以上两种症状同时发生。病情较为严重，死亡率较高。

【防治措施】　搞好饲养管理，加强鸡群的卫生消毒和消灭吸血昆虫。

定期进行免疫接种。目前常用的是鸡痘鹌鹑化弱毒苗，使用方法是:鸡翅膀内侧无毛无血管处皮肤刺种,刺种后3~4天,刺种部位应出现红肿、水疱与结痂,表明刺种成功,否则应予补种。首免在30日龄左右,二免在开产前进行。本病流行季节或污染严重的鸡场,可在6~20日龄内首次接种。

发病鸡群的治疗:发病鸡群要使用抗菌药物以防止葡萄球菌等细菌病的继发感染,在皮肤破溃的部位可用1%碘甘油(碘化钾10克,碘5克,甘油20毫升,摇匀,加蒸馏水至100毫升)涂擦治疗,对鸡痘引起的眼炎可用庆大霉素或其他抗生素点眼治疗。

六、产蛋下降综合征

产蛋下降综合征是由腺病毒引起的传染病。主要表现为产蛋鸡产蛋率下降,褐色蛋、软壳蛋、畸形蛋、无壳蛋增多。

【症状和病变】 发病鸡群一般无特殊临床症状,只表现产蛋量突然下降或产蛋率达不到高峰。下降幅度为10%~30%,3~8周后渐渐恢复正常。

病鸡在产蛋率下降的同时,还伴有大量软壳蛋、褐色蛋、薄壳蛋、畸形蛋、无壳蛋等异常蛋。在流行高峰期,软壳蛋和无壳蛋可达10%以上,蛋的破损率可高达30%以上。

本病一般没有死亡,也无特殊性病变,偶见输卵管黏膜水肿、肥厚,有时可见卵巢萎缩,卵泡稀少。

【防治措施】 本病无有效的治疗方法,在开产前接种减蛋综合征油乳剂灭活苗,可有效预防本病。

在发病鸡群饲料中提高多种维生素和蛋氨酸的用量,同时添加抗生素以防止输卵管发炎,有利于鸡群的康复。

七、禽 流 感

禽流感又称真性鸡瘟、欧洲鸡瘟,是A型流感病毒引起的一种烈性传染病,分为以H_5亚型为主的高致病性禽流感和以H_9亚型为主的低致病性禽流感。本病一旦传入鸡群,会造成巨大的经济损失。

【症状和病变】 病鸡精神沉郁,食欲减退,消瘦,有时出现呼吸道症状,如咳嗽、打喷嚏、啰音、流泪等。

病鸡眼睑、头部水肿,肉冠、肉髯肿胀、出血、发紫、坏死,脚部出现蓝紫色血斑,有时出现头颈抽搐或向后扭转的神经症状。

产蛋鸡群产蛋率下降,蛋壳粗糙,软壳蛋、褪色蛋增多。

机体脱水、发绀。气管充血,有黏性分泌物。内脏浆膜、黏膜、冠状脂肪、腹部脂肪有点状出血。腺胃乳头溃疡出血,肌胃内膜易剥落,皱褶处有出血斑。肠道广泛性出血和溃疡,充满脓性分泌物。肝脏、脾脏肿大出血,肾肿大。法氏囊水肿呈黄色,气囊有干酪样分泌物。

产蛋鸡腹腔内卵黄破裂,卵泡变形、充血、萎缩,输卵管内有白色黏稠分泌物。

【防治措施】 加强饲养管理,杜绝本病的传入。

按照国家对禽流感防治政策,所有鸡群必须接种 H_5 亚型禽流感疫苗(国家免费提供疫苗),养鸡场结合本场疫情和实际需要,自主决定是否接种 H_9 亚型号禽流感疫苗。

一旦确诊为高致病性禽流感,必须严格按照动物卫生防疫法的规定,对疫点周围环境 3 000 米范围内的所有家禽全部扑杀和无害化处理,对疫区周围 5 000 米内所有家禽按规定标准进行强制免疫,对疫点 1 万米的活禽市场强制关闭。对疫点、疫区和受威胁区进行大面积消毒。

低致病性禽流感在发病早期用复方大青叶制剂与庆大霉素混合注射,使用 2 毫升复方大青叶制剂与 2 毫升庆大霉素混合注射 10 只鸡,有较好的治疗效果。本病常并发或继发大肠杆菌等细菌病,对发病的鸡群要用抗菌药防止继发感染。

八、禽白血病

禽白血病是由禽C型反转录病毒科一群具有共同特征的病毒引起的禽类多种慢性传染性肿瘤性疾病的统称。大多数肿瘤侵害造血系统，少数侵害其他组织。在自然条件下，本病主要以垂直传播方式进行传播，也可水平传播，但比较缓慢。

本病在世界各国均有存在，一些养鸡业较发达国家的大多数鸡群均感染本病，但是有临床症状的病鸡较少。近年来在我国该病多发，引起蛋鸡和种鸡产蛋的蛋品质下降，对肉鸡养殖也造成很大经济损失。

【症状与病变】

1. 淋巴细胞性白血病　潜伏期长，14周以上，多发生于成年鸡。病鸡一般表现全身性症状，消瘦、虚弱，腹部肿大，病鸡呈企鹅姿势，鸡冠和髯苍白、皱缩，有时泻痢，多因衰竭死亡，死亡率1%～2%。无症状的感染鸡，产蛋性能受到严重影响，即蛋小壳薄，受精率和孵化率下降。排毒肉鸡的生长速度受影响。主要病理变化是：肝、脾等器官肿大，有灰白色的肿瘤结节，肠系膜受侵时出现腹水。早期可见法氏囊肿大，结节状。

2. 成红细胞性白血病　偶尔散发于6日龄以上鸡。病鸡苍白或黄染，羽毛滤泡出血，有时肝、脾大。

3. 成髓细胞性白血病　散发于成年鸡。病鸡苍白，肝、脾大，肝窦和骨髓呈灰白色。

4. 骨髓细胞瘤　散发于成年鸡。胸骨内侧、肋骨、肋骨与软骨连接部、骨盆可见黄白色肿瘤病灶，肿瘤质脆。肌肉和内脏器官可见肿瘤。

5. 骨石化病　散发。病鸡沉郁，两肢跗骨骨干中部不对称增粗，常伴发于淋巴细胞性白血病的鸡群。

【防治对策】　采取综合性防治措施，减少种鸡群的感染率和

怎样提高土杂鸡养殖效益

建立无白血病的种鸡群是控制本病的最有效措施。即:种鸡在育成期和产蛋期各进行2次检测,淘汰阳性鸡;从生殖道拭子试验阴性的母鸡选择受精蛋进行孵化,在隔离条件下出雏、饲养,连续进行4代,建立无白血病鸡群。此措施由于费时长、成本高、技术复杂,一般种鸡场还难以实行。

较好实行的措施是:鸡场的种蛋、雏鸡应来自无白血病种鸡群,同时加强孵化、育雏等环节的消毒工作,特别是育雏期(最少1个月)封闭隔离饲养并实行全进全出制;实行抗病育种,培育无白血病的种鸡群;生产各类疫苗的种蛋、鸡胚必须选自无特定病原(SPF)鸡场。

本病主要为垂直传播,病毒型间交叉免疫力很低,雏鸡免疫耐受,对疫苗不产生免疫应答,所以对本病的控制尚无切实可行的方法。

疫病处置:目前尚无治疗此病的方法。淘汰病鸡和可疑病鸡对控制本病有一定的效果。孵化用具要彻底消毒。粪便要集中堆积发酵,防止饲料、饮用水和用具被粪便污染,防止疫病延续。

九、鸡大肠杆菌病

鸡大肠杆菌病是由致病性大肠埃希氏杆菌引起的一种传染病。该病的血清型较多,临床表现复杂多样。该病为条件性传染病,多继发或并发于其他疾病。

【症状和病变】

1. 大肠杆菌性败血症 6~10周龄肉鸡多发,病死率为5%~20%。特征性病理变化是纤维素状心包炎,心包膜变厚、混浊,心包积液。肝脏明显肿胀,表面有白色胶冻样或纤维素性渗出物,肝有白色坏死点或坏死斑。脾脏充血、肿胀。气囊混浊,肥厚。

2. 出血性肠炎病 鸡主要表现下痢,并带有血液。剖检可见肠黏膜出血和溃疡,一般呈散发,致死率较高。

3. 大肠杆菌性肉芽肿　特征是在小肠、盲肠、肠系膜和肝等部位出现结节性肉芽肿病变,病死率较高。

4. 脐炎　主要发生在出壳初期。病雏脐孔红肿、开张,后腹部胀大,呈红色或青紫色,粪便黄白色、稀薄、腥臭,病雏委顿、废食,出壳最初几天死亡较多。剖检可见卵黄吸收不良,囊壁充血,内容物黄绿色。肝呈土黄色,肿胀,质脆,有斑状或点状出血。肠黏膜充血或出血。

5. 卵黄性腹膜炎　主要发生于产蛋鸡,一般呈散发。

病鸡产蛋停止,鸡冠发紫,排黄绿色粪便,死亡的病鸡多体膘良好。剖检可见腹腔内布满蛋黄凝固的碎块或蛋黄液,味恶臭,肝褐色,有的病鸡输卵管内有黄白色干酪样物。

6. 全眼球炎　在发生大肠杆菌性败血症的同时,另有部分鸡眼睑肿胀、流泪、畏光、角膜混浊,眼球萎缩而失明。

【防治措施】　大肠杆菌为条件性致病菌,广泛存在于自然界中,对大肠杆菌病的控制主要依靠饲养管理来排除发病诱因。种蛋的收集、消毒和孵化应严格按照卫生要求进行,以杜绝本病的发生。

并发和继发感染是本病的一个特点。做好鸡新城疫、传染性法氏囊病、传染性支气管炎等传染病的免疫预防,可间接地起到防止大肠杆菌感染的作用。

由于一些鸡场平时经常使用抗菌药物,致使大肠杆菌对这些药物具有不同程度的耐药性。因此,用药前,最好先分离病原菌做药敏试验,以便选择最敏感的药物,若暂无条件做药敏试验,则可选用平时未曾使用过的抗菌药物。

对大肠杆菌病发病严重的鸡场,可用本场大肠杆菌分离株制备多价灭活菌苗或油佐剂苗进行免疫预防。一般在 10 周龄和 17 周龄各注射 1 次。

给鸡群经常饲喂一些有益的肠道菌群,如 EM 制剂等,可抑制肠道内有害菌的繁殖,减少大肠杆菌等细菌病的发生。

十、鸡 白 痢

鸡白痢是由鸡白痢沙门氏菌引起的雏鸡的一种急性败血性传染病。

【症状和病变】 带菌蛋在孵化期出现死胚或弱雏,雏鸡出壳后即可发病,孵化器内或出生时感染的雏鸡在2～7日龄开始发病并出现死亡,10日龄左右达死亡高峰,20日龄后,发病鸡迅速减少。

雏鸡表现为精神委靡,食欲废绝,羽毛逆立,两翅下垂,缩颈闭目,怕冷,常靠近热源或堆挤在一起。排白色糊状粪便,常沾在肛门周围的羽毛上,堵塞肛门,致使不能排粪,病雏"吱吱"叫,焦急不安。急性病例不发生下痢就可死亡。

成年鸡感染常无临床症状,产蛋率与受精率下降,有极少数鸡表现精神委顿,排稀粪,出现"垂腹"现象。

出壳后5天内死亡的雏鸡,病变不明显,只见肝大、发黄、脾肿大、卵黄吸收不良。病程稍长的鸡可见嗉囊空虚,肝、脾大,肝脏呈土黄色,表面有少量针尖大小的坏死灶;心肌和肺表面有灰白色增生结节。盲肠膨大,有干酪样栓子。

成年母鸡主要表现为卵泡萎缩、变形、变色,有腹膜炎。成年公鸡睾丸萎缩,输精管管腔增大,充满稠密渗出物。

【防治措施】 种鸡场必须进行全群检测,开产前进行1～3次的检测,及时淘汰阳性鸡,净化种鸡群;对鸡舍和用具要经常消毒,种蛋收集后及时消毒,加强孵化室的消毒、防疫工作。

鸡白痢主要发生在育雏早期,所以购买苗鸡时一定要选无鸡白痢的种鸡场。保证育雏温度、湿度和营养。在育雏早期应用敏感药物进行预防。

鸡群发病后要在饲料或饮用水中添加敏感药物,同时加强管理。康复后的种鸡应投用敏感药物以降低带菌率。

利用生物竞争排斥的现象预防沙门氏菌病亦有较好效果,如通过饲喂乳酸杆菌、粪链球菌、蜡样芽孢杆菌等制剂,使其占有一定生长位置,从而抑制沙门氏菌的生长繁殖。目前常用的有促菌生、EM 制剂等。

十一、鸡支原体病

鸡支原体病又称霉形体病,是鸡的一种接触性传染病。鸡败血支原体(MG)感染可引起鸡的慢性呼吸道疾病,特征为咳嗽、流鼻液和气管啰音;滑液囊支原体(MS)感染可引起滑液囊炎,其特征为关节肿大、跛行。发病后,雏鸡生长不良,产蛋鸡产蛋率下降。本病病程长,易复发,且易与其他疾病并发或继发感染。各种应激因素都是本病的诱因。

【症状和病变】　本病病程较长,病鸡主要表现脸肿与眶下窦炎,在眶下窦处可形成大的硬结节,眼流泪,有泡沫样液体,眼内有干酪样渗出物,打喷嚏,咳嗽,呼吸困难,有啰音,死亡率较低。剖检可见鼻腔、眶下窦黏膜水肿、充血、出血,窦腔内充满黏液和干酪样渗出物,心包增厚,灰白,气囊混浊,有黄色干酪样物。和大肠杆菌混合感染时,易发生气囊炎、心包炎、腹膜炎。

产蛋鸡感染,表现轻微产蛋率下降,无明显症状。

滑液囊支原体感染时,病鸡表现肉冠黄白,跛行,瘫痪和发育不良。跖底肿胀,切开有奶油样或干酪样渗出物。关节肿胀,内有黄褐色渗出物。

【防治措施】　加强饲养管理,注意通风换气,避免各种应激反应。

种鸡场应进行支原体净化。一般在 2、4、6 月龄时,各进行 1次血清学检测,淘汰阳性鸡。

支原体单独感染时,鸡群损失较少,但与新城疫、传染性支气管炎、大肠杆菌病、传染性鼻炎等病混合感染时,损失较大。所以,必须做好上述疾病的预防。

败血支原体和滑液囊支原体均已研制出疫苗,常用免疫程序:15～20日龄颈部皮下注射0.3毫升慢性呼吸道病灭活油苗;开产前皮下注射0.5毫升慢性呼吸道病灭活油苗。

发病鸡群的治疗:饲料中添加敏感药物如红霉素、泰乐菌素、恩诺沙星等,同时饲料中多维素添加量加倍。

用药期间必须结合饲养管理和环境卫生的改善,消除各种应激因素,方能收到较好效果。

十二、鸡传染性鼻炎

鸡传染性鼻炎是由副鸡嗜血杆菌引起的鸡的一种急性呼吸道传染病。

【症状和病变】 病鸡食欲减退,精神不振。特征症状为流鼻液,脸部水肿,流泪,公鸡肉垂肿胀。病的中后期,有呼吸困难、啰音、腹泻等症状。病愈仔鸡生长发育不良。

产蛋鸡感染后,产蛋率下降,体重下降,死亡率很低。

剖检可见鼻腔与眶下窦充满水样灰白色黏稠性分泌物或黄色干酪样物,黏膜发红、水肿。产蛋鸡卵泡变形、出血、易破裂,有时坠入腹腔引起腹膜炎。

【防治措施】 加强饲养管理,降低饲养密度,加强通风,减少应激。

用传染性鼻支油乳剂灭活疫苗免疫接种,一般5～8周龄首免,开产前二免。

发病鸡群治疗:多种抗生素和磺胺类药物治疗都有良好效果,一般常用磺胺类药物拌料,链霉素、庆大霉素等药物肌内注射。药物治疗用量和疗程要足,否则易复发。

十三、禽霍乱

禽霍乱又称禽巴氏分枝杆菌病、禽出血性败血病,是由多杀性巴氏杆菌引起的禽的急性致死性传染病。

【症状和病变】

1. 最急性型　常见于本病流行初期或新疫区,多发生于个别体质肥壮、高产的母鸡,病程很短,突然死亡,看不到明显的症状和病变。

2. 急性型　较常见,多发生于流行中期。病鸡精神委顿,废食,离群呆立,体温升高,羽毛松乱,缩颈闭目,呼吸困难,常从鼻孔、嘴中流出黏液,冠和肉髯肿胀发紫。常有剧烈腹泻,粪便呈黄绿色。剖检可见皮下组织和腹腔脂肪、肠系膜、浆膜、生殖器官等处有大小不等的出血斑点。整个肠道有充血、出血性炎症,尤以十二指肠最严重。肝大、质脆,表面散布着针尖大小的灰黄色或灰白色坏死点,有时有点状出血。

心冠脂肪、心内膜有大小不等的出血点。产蛋鸡卵泡严重充血、出血、变形,呈半煮熟状。

3. 慢性病例　常见于流行后期或老疫区,也可由急性转变而来。病鸡表现精神沉郁,食欲不振,冠和肉髯苍白肿大,眶下窦、关节肿胀,跛行,部分鸡出现耳部或头部病变,引起歪颈,有的发生持续性腹泻。病鸡日益消瘦,病程较长,关节肿大、变形,有炎性渗出物和干酪样坏死。带菌者生产性能长期不能恢复。

血液涂片或组织触片,用亚甲蓝或瑞氏染色后油镜观察,可见两极浓染的巴氏杆菌。

【防治措施】　加强饲养管理,减少应激反应,尤其要加强饮水管理,防止病原从污染的饮水中传入鸡群。

做好免疫工作:3~5 周龄首次免疫,皮下注射禽霍乱灭活油苗 0.5 毫升;8~10 周龄时二免,皮下或肌内注射禽霍乱灭活油苗

0.5毫升。

发病后可用药物进行治疗。用药时注意剂量要合理,疗程要足够,为防止产生耐药性可选择几种药物交替使用。

十四、鸡葡萄球菌病

鸡葡萄球菌病是由金黄色葡萄球菌引起的鸡的一种急性败血性或慢性传染病。

【症状和病变】 病鸡精神沉郁,不爱活动。胸腹部、翅膀内侧皮肤发红、出血,有浆液性渗出物,呈现紫黑色的水肿,用手触摸有明显波动感,皮肤破裂时,流出紫红色有臭味的液体。胫跗关节及其邻近的腱鞘肿胀,表现为化脓性关节炎和骨髓炎。关节肿大、发热,关节头有坏死。有的出现趾瘤,脚底肿大、化脓。病鸡站立困难,以胸骨着地。

初生雏发生脐带炎,脐孔发炎肿大,腹部膨胀,皮下充血、出血,有黄色胶冻样渗出物,俗称为"大肚脐"。

内脏型葡萄球菌病鸡的肝脏、脾脏和肾脏密集大小不一的黄白色坏死点,腺胃黏膜有弥漫状出血和坏死。

鸡群发生鸡痘时可继发本病,在许多部位出现皮肤炎症,此外还易继发葡萄球菌眼炎,导致眼睑肿胀,有大量脓性分泌物。鸡舍内灰尘太多和氨气浓度过大时也容易引起葡萄球菌性眼炎。

【防治措施】 加强饲养管理,防止皮肤黏膜损伤。

在鸡痘高发季节要做好鸡痘的防疫工作。发生葡萄球菌眼炎时,采用青霉素或庆大霉素等抗生素点眼治疗,饲料中维生素A添加量加倍。

鸡群发病后,可用庆大霉素、青霉素、新霉素等敏感药物进行治疗,同时加强鸡舍内环境消毒。

十五、鸡球虫病

鸡球虫病是由艾美耳科的各种球虫寄生于鸡的肠道引起的疾病,2月龄内雏鸡易感。病鸡表现为消瘦、贫血和血痢,轻度感染和耐过的鸡生长发育严重受阻,并降低对其他疾病的抵抗力。本病分布很广,对养鸡业危害十分严重。

【流行特点】 各种品种的鸡均有易感性,多发生于幼龄鸡,发病率和死亡率均很高。成年鸡对球虫也敏感,地面平养鸡易发生。

病鸡是主要传染源,污染的饲料、垫料、饮水、土壤或用具等均有卵囊存在,感染途径主要是鸡吃了感染性的卵囊。本病在温暖潮湿的季节易发生流行。

鸡舍潮湿、通风不良、鸡群拥挤、维生素缺乏以及日粮营养不平衡等,都能促使本病的发生和流行。

【症状和病变】

1. 盲肠球虫 多见于1月龄左右幼鸡,病鸡表现为精神沉郁,食欲废绝,羽毛松乱,鸡冠及可视黏膜苍白,逐渐消瘦、贫血和腹泻,粪便中带有少量血液。剖检可见盲肠肿大,充满血液或血样凝块,盲肠黏膜增厚,有许多出血斑和坏死点。产蛋鸡可引起盲肠出血、肿大,有小球虫结节。

2. 小肠球虫 常见于2月龄左右幼鸡,主要侵害小肠中段,可引起出血性肠炎。病鸡表现为精神委靡,排出大量的黏液样棕褐色粪便。耐过鸡营养不良,生长缓慢。剖检可见肠管呈暗红色肿胀,切开肠管可见充满血液或血样凝块,黏膜有大量出血点,与球虫增殖的白色小点相间,肠壁增厚、苍白、失去正常弹性。

慢性球虫常见于2~4月龄的青年鸡或成鸡,病鸡逐渐消瘦,贫血,间歇性下痢,产蛋量减少,病程长,死亡率较低,主要病变是肠道苍白、肠壁增厚、失去弹性。

【防治措施】 鸡群要全进全出,鸡舍要彻底清扫、消毒,雏鸡和成鸡要分开饲养,保持垫料的干燥和清洁卫生,加强日常饲养管理。

在经常发生球虫病的鸡场,要用药物预防。抗球虫药物应在12日龄后开始给药,坚持按时、按量给予,特别在阴雨连绵或饲养条件差时更不可间断。发病后要及时用药,药量不宜过大,应至少保持1个疗程。同时在饮用水中添加速溶性多种维生素,尤其是维生素K,每升饮水添加3~5毫克。对病情严重的鸡肌内注射青霉素,每千克体重2万~5万单位。球虫很容易产生耐药性,最好几种药物交替使用。常用抗球虫药有妥曲珠利(百球清)、盐霉素、马杜拉霉素、硝苯酰胺(球痢灵)、氯羟吡啶、氨丙啉等。

现在许多鸡场雏鸡都在用球虫疫苗免疫使其对球虫产生抵抗力,效果很好。一般在4~10日龄内以拌料或料上喷洒的方式给雏鸡喂服球虫疫苗,用疫苗后料中不能添加抗球虫药,抗生素类药也尽量少用,垫料保持一定的含水量。应用强毒株球虫疫苗应在10日后以0.006%的氨丙啉饮水2天,以防止球虫病的暴发。

十六、鸡蛔虫病

鸡蛔虫病是禽蛔科的线虫寄生于鸡肠道引起的疾病,常影响鸡的生长发育,甚至引起大批死亡,造成经济损失。

【症状与病变】 患蛔虫病的鸡群,起病缓慢,开始阶段鸡群不断出现贫血、瘦弱的鸡。持续1~2周后,病鸡迅速增多,主要表现为贫血,冠脸黄白色,精神不振,羽毛蓬松,消瘦,行走无力。患病鸡群排出的粪便,常有少量消化物、稀薄,有颜色多样化的特征,其中以肉红色、绿白色多见。同时,鸡群中死鸡迅速增多,且十分消瘦。病鸡宰杀时血液十分稀薄,病变部位主要在十二指肠,整个肠管均有病变,肠黏膜发炎出血,肠壁上有颗粒状化脓灶或结节形成。小肠、肌胃中可见到大小不等的蛔虫,严重者可把肠道堵塞。

【防治措施】 大力提倡与实行网上饲养、笼养,使小鸡脱离地面,减少接触粪便、污物的机会,可有效预防蛔虫病的发生。定期做好鸡群驱虫工作:雏鸡2月龄时第一次驱虫,第二次在冬季进行;成年鸡第一次在10～11月份,第二次在春季产蛋季节前1个月进行;饲料中应含足够维生素A以增强鸡抵抗力。饮用水中添加0.025%的枸橼酸哌嗪,可防止感染蛔虫。

【治疗方法】

驱蛔灵(哌嗪、磷酸哌哔嗪):每千克体重0.3克,一次性口服。

左旋咪唑:每千克体重10～15毫克,一次性口服。

驱虫净:每千克体重10毫克,一次性口服。

驱虫灵:每千克体重10～25毫克,一次性口服。

丙硫苯咪唑:每千克体重10毫克,混饲喂药。

用药一般在傍晚时进行,次日早上把排出的虫体、粪便清理干净,防止鸡再啄食虫体又重新感染。

十七、鸡绦虫病

鸡绦虫病是由绦虫引起的寄生虫病。可引起肠炎和消化吸收障碍,致病与生长发育受阻,产蛋量下降和没有产蛋高峰。

【症状和病变】　主要表现为生长发育不良,消瘦,精神不振,食欲下降,呆立,羽毛蓬乱。病期长的可出现贫血,鸡冠苍白或轻度黄染,出现白色水样腹泻,有时混有血液,粪便中可见白色、芝麻粒大、为长方形的绦虫节片。剖解可见肠黏膜出血、坏死或溃疡。肠中虫体较多,堵塞肠管,形成肠梗阻。若绦虫头节深入肠黏膜时,则肠壁可见凸起、芝麻粒大小的灰黄色小结节,结节中央凹陷,内含有黄褐色凝乳状物。

【防治措施】　粪便集中无害化处理。定期预防驱虫。

【治疗方法】

甲苯咪唑:按鸡每千克体重30毫克,拌入饲料,一次喂服。

丙硫苯咪唑:每千克体重10毫克,混饲喂服。

灭绦灵:按鸡每千克体重 50～60 毫克,拌入饲料,一次性喂服。

十八、鸡羽虱

羽虱主要寄生在鸡羽毛和皮肤上,是一种永久性寄生虫。已发现 40 多种羽虱。羽虱主要靠咬食羽毛、皮屑和吸食血液而生存,因此患鸡表现羽毛断落,皮肤损伤,发痒,消瘦贫血,生长发育受阻,产蛋鸡产蛋下降,并可降低对其他疾病的抵抗力。

【症状与病变】 普通大鸡虱主要寄生在鸡泄殖腔下部,严重感染时可蔓延到胸部、腹部和翅膀下面,除以羽毛的羽小枝为食外,还常损害表皮,吸食血液,因刺激皮肤而引起发痒;羽干虱一般寄生在羽干上,咬食羽毛,导致羽毛脱落;头虱主要寄生在鸡的头部,其口器常紧紧地附着在寄生部位的皮肤上,刺激皮肤发痒,造成鸡秃头。羽虱大量寄生时,患鸡奇痒,不安,影响采食和休息。因啄痒而造成羽毛折断、脱落及皮肤损伤,鸡体消瘦,贫血,生长发育迟缓,产蛋鸡产蛋量下降,严重的引起死亡。

【防治措施】

1. 用氰戊菊酯、二氯苯醚菊酯或百虫灵等杀虫药喷洒鸡体,同时对鸡舍、笼具和料槽、水槽等用具以及环境也要喷洒药物,隔 10 天用药 1 次,连用 3 次。

2. 用伊维菌素或阿维菌素按说明拌料一次性吃完,注意拌料要均匀,间隔 1 周再用 1 次,效果很好。

十九、曲霉菌病

曲霉菌病是多种禽类都能感染的一种霉菌性疾病,幼雏易感,常呈急性暴发,有较高的发病率和病死率。

【症状和病变】 雏鸡感染呈急性,表现精神沉郁,食欲减退,羽毛蓬乱,眼闭合,呈昏睡状,呼吸困难,打喷嚏,流泪,流鼻液;病后期发生腹泻,有的出现神经症状,如歪头、麻痹、跛行。急性病例致死率可高达 50％以上。

育成鸡感染表现食欲不振,精神沉郁,闭目呆立呈昏睡状,腹泻,消瘦,趾爪干瘪。

产蛋鸡感染,多呈慢性经过,病死率较低,产蛋率下降,蛋壳褪色。胚胎感染后,可使胚胎死亡或孵出弱雏,弱雏出壳后几天内即死亡。

剖检可见肺或气囊壁上出现小米粒至硬币大小的霉菌结节,肺结节呈黄白色或灰白色,胃肠黏膜有溃疡和黄白色霉菌灶,腺胃乳头消失或肿大为结节状,嗉囊常见溃疡或形成假膜。有些病鸡脑、肾脏等实质器官有霉菌结节。

【防治措施】　禁止使用发霉或被霉菌污染的垫料和饲料,加强鸡舍的通风换气。

雏鸡发病后,首先要找出感染霉菌的来源,并及时消除之,如更换发霉的饲料和垫料,清扫、消毒环境等,在此基础上进行治疗才能奏效。

药物治疗:每千克饲料加入制霉菌素 50 万单位连用数天;饮水中加入 0.05％硫酸铜或 0.3％碘化钾,有较好的治疗效果。饮用水中加入 5％葡萄糖与 0.05％维生素 C 有解毒及提高鸡体抵抗力的作用。

二十、鸡啄食癖

鸡啄食癖包括啄肛、啄羽、啄趾、啄蛋等异常行为表现,其中以啄肛的危害最严重,常将肛门周围与泄殖腔啄得血肉模糊,甚至将肠道啄出吞食,造成被啄鸡的死亡。在黄羽肉鸡中这种恶癖尤为严重,常造成严重的经济损失。

【防治措施】

第一,要到现场进行调查和分析,找出发生恶癖的主要原因,并努力消除这个因素。

第二,将染有恶癖的鸡和被啄的鸡及时挑出、隔离,以免恶癖蔓延。在被啄鸡的伤口上涂紫药水或四环素软膏。

第三,加强饲养管理,提高整齐度,减少矮胖鸡,防止产蛋鸡脱肛。鸡群要及时分群,饲养密度不宜过大,加强通风换气,改善鸡舍环境。

第四,饲料营养要全价,并要供应充足的蛋白质和微量元素。

第五,发生啄癖时,可在鸡舍暂时换上红色灯泡或在窗户上挂上红布帘子,使舍内形成一种红色光线,雏鸡就不容易看清蹼足上的血管或血迹。也可将瓜菜吊在适当高处,让鸡啄食,或悬挂乒乓球等玩具,转移啄癖鸡的注意力。如光线太强可在鸡舍窗户上蒙一层黑色帘子,对预防啄癖有一定作用。

第六,进行断喙,是防止啄癖的有效措施。断喙时一定要到位,形成下喙比上喙长。

第七,发病鸡群饲料中添加 2% 石膏,连用 1 周左右;也可在饮用水中添加 1% 的食盐,但时间不能长,以免发生食盐中毒。在饲料中添加蛋氨酸、羽毛粉、硫酸亚铁、硫酸钠、啄羽灵、啄肛灵等,在某些情况下也有效果。

二十一、脱　肛

本病主要是泄殖腔翻出于肛门之外,多发生于 4～5 月份的产蛋盛期。多见于高产鸡,尤其是当年的幼龄鸡。发病后容易招致鸡群啄肛而大量死亡。

【症状与病变】　病初肛门周围的绒毛呈湿润状,有时从肛门内流出白色或黄白色的黏液,以后即有 3～4 厘米长的肉红色物质脱于肛门之外,时间稍久,脱出物质变成暗红色,甚至发绀。如不及时处理,将引起炎症、水肿、溃烂。

【防治措施】

治疗方法：

第一，立即隔离病鸡，单独饲养以免引起啄肛癖。

第二，病初可先用饱和盐水热敷肛门，以减轻充血和水肿；再用0.1％高锰酸钾水或生理盐水洗净脱出肠段，小心地推回原处，若再度脱出，可重新整复，每天处理3～4次，直到不再脱出。

第三，如发生肛门淋（慢性炎症）环绕肛门形成韧性黄色白喉性假膜并有恶臭味时，可用金霉素软膏治疗。

预防方法：

顽固的，往往又再复发，因此应着眼于预防，而预防则须特别注意饲养管理。

第一，控制性成熟时间，防止过早开产。

第二，开产后加料不要过猛，以防蛋过大。

第三，防止鸡群受惊。

第三节 鸡场废弃物处理与利用

鸡场的废弃物主要包括：病死鸡、鸡粪、疫苗空瓶、药品包装等。

一、病死鸡的处理

病死鸡是疾病的传染源，一定要妥善处理。一般病死鸡应用塑料袋密闭包装后焚烧；或是选择远离鸡场的地方深埋，铺撒生石灰。

二、鸡粪的处理与利用

由于肉鸡通常采用"全进全出"饲养方式，一批鸡出栏后就要及时清理鸡粪；对于种鸡须定时清粪。清出的鸡粪需及时消毒灭菌处理，处理不好不仅会造成土壤、空气和水源等的污染，还易滋生蚊、蝇等传播、扩散疫病,对公共卫生形成威胁。利用好鸡粪,不仅可节约资源,而且还有很好的经济、生态和社会效益。

(一)发酵法处理鸡粪

1. 地坑式发酵法 在距养鸡场 500 米以上的田间、地头或空地根据需要挖长、宽适当,深 1.5～2 米的坑,将鸡粪倒入其中,并按 1%～2% 的比例混入石灰粉,接着用稀黄泥糊封住整个坑面(黄泥糊厚 1 厘米以上),如能用厚塑料薄膜覆盖整个坑面并用土埋封四周就更好。经过 15～20 天自发高温发酵处理,可达到灭菌、去臭等目的。

2. 池式发酵法 发酵池要建造在距鸡场 500 米以上的地方,根据需要在地面挖成长方形或正方形,底部和四壁砌砖抹上水泥(也可造地上池,但造价更高),可有效防止鸡粪与发酵液体对地下水和土壤的污染。处理时,将鸡粪倒满池子并混入 1% 石灰粉,然后用厚塑料薄膜或黄稀泥封严池面,15～20 天后就可发酵,即处理好鸡粪。

(二)自然干燥法处理鸡粪

小型鸡场多用此法。将鸡粪单独或混入适量米糠或麦麸,摊晒在水泥地面上,利用阳光晒干后装入塑料袋,存放于干燥处待用。

也有塑料大棚自然干燥法、快速高温干燥法,但需要一定机械设备,一般大型鸡场才用。

(三)化学法处理鸡粪

鸡粪要尽快收集,以防分解,接着以 0.7%(以干鸡粪计)的量混合加入含量为 37% 的福尔马林,经密封处理 2～3 小时后,可杀死鸡粪中的各种微生物(细菌、真菌、各种病源的蚊和蝇的虫卵等)。具体处理方法如下:假定处理 10 千克湿鸡粪(按 25％干物质折算为 2.5 千克干鸡粪),需拌入 17.5 克福尔马林,后密封放置处理 2～3 小时即可。

(四)鸡粪的综合利用

1.农业上应用　经处理过的鸡粪营养物质全面,是栽培果树、叶类蔬菜、瓜类、花卉等的上佳基肥。

2.养殖业上应用　鸡粪干物质中约含粗蛋白质 25％～27％、粗脂肪 1.4％、无氮浸出物 26.6％等,加工成畜、禽、鱼的廉价饲料,也是很好的蛋白质补充饲料。应注意的是,鸡粪加工处理时都必须事先除去鸡毛、土块、木块等杂物。

3.用作培养料　鸡粪中的水分、碳、氮、磷等能为蚯蚓与蝇蛆提供优质食料,可用于养殖蚯蚓和蝇蛆。蚯蚓和蝇蛆可作为畜禽优质蛋白质饲料,也可以作为食用菌的培养料。

三、疫苗空瓶、药品包装物的处理

疫苗本身就是经过弱化的病原,使用后一定要焚烧处理,防止传播疾病。药品包装也要焚烧。

第六章 土杂鸡鸡场经营管理

养鸡的宗旨和目的就是为了赢利,要以用最小的成本获得最大的利润。不管是对养殖户还是对大、中、小型鸡场来说,鸡场的经营和管理都是非常重要的。

随着市场经济体系的建立和完善,肉鸡生产必须适应市场经济的需要,这就要求生产者必须具备较强的经营管理意识和能力,理顺管理体制。这一点十分重要。对于大规模生产的鸡场来说,需要进行黄羽肉鸡生产发展的战略决策考虑,具有较强的市场开拓能力,配备强有力的经营人员和制定配套的制度,以保证获得高效益和养鸡生产的持续稳定发展。

第一节 提高肉鸡场经济效益的措施

一、抓好养鸡企业的五个环节

经营养鸡企业和经营其他任何企业一样,都必须具备资金、技术、生产、供应和销售 5 个环节。资、技、产、供、销这五个环节首尾相连,环环相扣,缺一不可。要有资金和技术才能进行生产,要进行生产必然需要原料的供应,生产出来的产品必须销售出去才能获得利润,有了利润又可以扩大再生产。如此循环往复,企业才可以不断发展壮大。

(一)资 金

资金是发展经济的基础。资金分为固定资金和流动资金两类。养鸡行业的固定资金指的是土地、房建和设备;流动资金指的是雏鸡、饲料款、工资、水电费和其他生产经营开支。养鸡行业的固定资金一般需要3年时间才可以收回来。除了利税、扩大再生产投资及通货膨胀因素外,一个鸡场的流动资金应该是一个常数,用这笔常数流动资金就可以进行年复一年的生产经营活动。

(二)技 术

科学技术是第一生产力。常言道"养鸡业的风险大",指的就是技术性强,特别是要求疾病预防技术应过关,否则养鸡经营者会日日担心。若有过硬的技术,就可以从容不迫地进行生产经营活动了。

(三)生 产

鸡场与其他任何企业一样,最重要的经营活动便是生产活动。只有把生产搞好了,企业才有经济效益,凡是生产搞不上去的企业,其他一切都无从谈起。鸡场应集中力量搞生产,场长就是生产场长,必须亲自抓生产,领导和组织生产。

(四)供 应

任何企业必须在生产资料供应有保障的前提下才能进行正常的生产活动,否则生产就会时断时续,时好时坏,严重危及企业的生命力。鸡场应有专人负责供应,既要有长期固定的供应渠道,又要有临时机动的供应渠道,以保证鸡场不断鸡苗、不断饲料、不断电、不断疫苗药械和其他生产资料。

(五)销 售

鸡场的一切生产经营活动都是为了获取经济效益,经济效益只有通过销售产品才能实现,所以企业一定要抓好产品的销售工作。要了解市场,寻找市场,开拓市场,培育市场,争取以较高的价格将产品及时地卖出去。鸡场应有专人负责销售工作,对于千变万化的市场行情能做出快速、灵活和果断的决策。

二、影响鸡场经营成败的因素

(一)建场因素

1. 场址 场址选择不当,就消除不了传染源,乃至缺水、缺电、道路不通、风力过大、日照不够、昼夜温差太大等,从而造成灾害频繁,经营失败。

2. 场内布局 在一个鸡场内若把育雏育成舍布局在成鸡舍的下风向,把饲料加工车间摆在鸡舍的下风向,把场前区(包括伙房、蛋库、办公室等)摆在鸡舍的下风向,污道和净道不分或者交叉,水井离粪坑不足 30 米等,都属于布局不合理,难免要发生交叉传染,造成防疫隐患,影响经营。

3. 房建设备 鸡场的建筑若不合理,设备若不配套,只追求形式不讲究功能,势必造成生产性能不高并增加鸡场折旧成本,这样就难以获取良好的经济效益。一定要注意,鸡舍建筑的功能是蔽日、遮风、防雨、隔热和保持干燥,不要把过多的资金用在建筑上,而应把资金重点投放在舍内设备上。

(二)人员因素

1. 内行与外行 只有内行才能养好鸡。凡是有志于养鸡事业的人,一定要虚心学习养鸡技术,变成内行后再养鸡,不要把养鸡看得太简单,否则很难成功。养鸡企业在选择鸡场管理人员时一定要选择内行,这是最起码的一个条件,然后才能谈及其他条件。

2. 勤奋与懒惰 人的秉性各不相同,有勤奋与懒惰之分。勤奋的人始终勤奋,勤能补拙;懒惰的人如不愿改正,再聪明也无用。鸡场从负责人到职工都要选择勤奋之人,若遇懒惰之人,观其3次仍然不改其懒惰本性,就应果断地换人,否则工作难以开展。养鸡工作需要眼勤、手勤、脚勤,懒惰之人懒于动眼、动手和动脚,鸡是养不好的。

3. 细心与粗心　养鸡是个细致的工作,操作程序不能乱,工作细节不能忘,手脚动作不能重,就连咳嗽说话都要细声细气,所以养鸡工作必须选择细心的人。粗心人不是忘记关水龙头就是把蛋打破,有时还要大声吼两句,高歌哼两声,饲料忘记添,鸡群数不清,病死鸡也看不见,这样的人根本养不好鸡。凡是遇到粗心人,观察其3次仍然粗心,应坚决换人,否则鸡场的生产工作无法正常进行。

4. 寂寞与热闹　鸡场一般都远离城镇,地处偏僻农村,职工不能随便出场,在这样的工作生活环境中确实令人感觉寂寞。要从事养鸡事业的人必须耐得住寂寞,至少要能忍耐一个饲养周期即1年半时间的寂寞。凡是耐不住寂寞的人,最好不要从事养鸡事业。对于鸡场负责人来说,应该有强烈的事业心,只有耐得住寂寞才会有成功。

(三)疾病因素

鸡场经营的成功取决于鸡群的成活率高。鸡群的成活率又取决于疾病的暴发情况。只要不暴发疾病,鸡场经营就会成功,否则会失败。尽管生产上的工作有千条万条,第一条应该是杜绝疾病的暴发。只要做到鸡体及其外部环境无毒无菌,就可以做到不暴发疾病。正常情况下,鸡群的育雏育成存活率在90%以上,产蛋期存活率在85%以上。如果育雏育成存活率低于75%,产蛋期存活率低于60%,这个鸡场的经营就会因亏损而失败了。

(四)生产性能因素

鸡群的生产性能高,鸡场经营就会成功;反之,就会失败。当前的商品鸡种都有较高的生产潜力,足以使鸡场经营成功。但是,生产潜力能否完全发挥出来,则取决于鸡群是否健康。凡是健康的现代商品鸡群,一定能表现出较高的生产性能。凡是暴发过疾病的鸡群,其生产性能一定低下。所以,鸡群生产性能的高低与疾病暴发与否有直接关系,必须控制疾病的暴发。

(五)饲养因素

一个健康的商品鸡群要充分发挥其生产潜力,还必须依赖饲料的保证,饲料质量不好,营养不够,喂量不足乃至发生断料现象,将严重降低生产性能,导致鸡场经营失败。饲料成本占养鸡成本的70%左右,必须花费极大的精力解决好饲料问题。一要配方好,二要原料好,三要加工配合好,四要运输贮存好,五要饲喂好;做到这"五好"才能发挥饲料的作用,鸡群才有较高的生产性能,鸡场经营才会成功。

(六)资金因素

鸡场在饲养周期开始之前就应准备充分的垫底资金,如果鸡群还未饲养到收支平衡日龄就没有资金购买饲料了,势必提前卖鸡,造成重大经济损失,鸡场经营就失败了。这种情况在生产实践中是发生过的,应引起注意。

(七)市场因素

若忽视了市场调查,当市场供大于求时,鸡场还在大量发展养鸡,鸡养得再好,生产性能再高,也逃脱不了亏损和失败的命运。发展现代企业强调市场导向就是这个道理。养鸡市场出现供大于求的问题,这是市场规律,不以人的主观意志为转移,任何人也左右不了这个问题。作为一个企业的鸡场来说,在遇到了供大于求的市场局面时,只能利用竞争机制来解决,就是说当别人破产倒闭时,自己用以前经营的利润积累补亏,坚持不倒,待到供求平衡或供小于求时再图发展,获取高利润。当然,如果市场研究做得好,能准确预测市场行情,在供大于求时少养鸡,在供求平衡时适度发展养鸡,在供小于求时大力发展养鸡,这样鸡场的经营就会永远立于不败之地。

三、降低生产成本的途径与方法

养殖的生产成本,主要由饲料、固定资产折旧、工资、防疫、燃料动力、其他直接费用和企业管理费等组成。降低生产成本,不仅可直接提高经济效益,还可增强产品的竞争力。降低生产成本的重点是:降低饲料费用支出,提高成活率和饲料转化率。降低生产成本的措施主要有以下几项:

(一)降低饲料费用支出

在养鸡生产中,饲料费用是鸡场的一大笔开支,占生产成本的60%～70%,降低饲料成本是降低生产成本的关键。具体措施:

第一,合理设计饲料配方,在保证鸡营养需要的前提下,尽量降低饲料价格。

第二,控制原料价格,最好采用当地盛产的原料,少用高价原料。

第三,周密制定饲料计划,减少积压浪费。

第四,加强综合管理,提高饲料转化率。

(二)减少燃料动力费开支

燃料动力费占生产成本的第三位,鸡场的燃料动力费主要集中在育雏舍和孵化室。减少此项开支的措施是：

第一，育雏舍供温采用烟道加温，可大大降低鸡场的电费。

第二，在选择孵化机时，要选择耗电量低的。

第三，在孵化后期采用我国传统的孵化方法——摊床孵化，利用蛋的自温孵化。

第四，加强全场用电的管理，按规定照明的时间给予光照，加强全场灯光管理，消灭"长明灯"。

(三)节省药物费用支出

在鸡场的防疫管理方面，坚持防重于治的方针。

第一，在进雏鸡时，要了解该种鸡场的防疫情况，即是否带有某种传染病。

第二，商品肉鸡的雏鸡来源不宜从多个场引进，最好从固定的几个种鸡场进雏鸡，以便于对传染病的控制。

第三，做好鸡场净化工作。对患病鸡应及时隔离，及时淘汰。对鸡群投药，宜采用以下原则：可投可不投的，不投；剂量可大可小的，投小剂量；用国产和进口药均可的，用国产药；用高价低价药均可的，用低价药。

第二节　肉鸡销售时应注意的事项

一、寻找最佳销售时机

对于商品鸡来说就是养到多少天上市，可以获取最高的利润。简单的估算就是：利润＝(鸡体重×售价)－饲养成本。每个鸡种都有一个生长最快的时期，等过了这个时期，体重增长放缓，开始沉积脂肪。部分鸡种开始出现第二性征，鸡冠开始变红。因此，要综合考虑鸡的体重、售价，还有饲养成本，从而找到利润最大的时机上市。

对种鸡来说主要考虑的是种鸡的繁殖性能和苗鸡种蛋的售价,如果不能盈利,就要果断淘汰。

二、尽量减少应激

捉鸡时最好安排在大清早,如果是开放式鸡舍,则应在天黑时抓鸡装笼,以免因惊慌逃避而增加捕捉困难。对无窗鸡舍,可利用余光来引导鸡走到笼车里,即舍内熄灯,而在笼车中开灯来引导鸡走进,当鸡进到一定的数量就截止。使用这种方法要考虑鸡舍的设计,让车的后门与鸡舍的门结合起来,以便于利用灯光引导鸡从暗室中走入特制的层笼车中,然后运入市场或屠宰场。这种引导捕捉可大大减少商品肉鸡在捕捉与装运过程中的损伤率。

捉鸡时,必须抓住鸡的翅膀,将鸡脚放入笼内。不得抛鸡入笼,以免骨折成为次品。要轻抓轻放,而且笼底要垫平,以防碰伤肉鸡,影响商品价值。

夏季为防止烈日暴晒,应在上午9时前运至销售地点。出售、屠宰前应停喂饲料。准备出售的肉鸡,要在出售前6~8小时停料,防止屠宰时消化器官残留物过多,使产品受到污染,同时也防止浪费饲料。已装笼的鸡必须放到通风良好的场所,不让阳光直射到鸡的头部;炎热的夏天,可以在运前向鸡体喷水,然后运走,中途停车时间不要过长。

三、搞好经济核算

每批鸡出售后必须进行核算。一要计算饲料报酬。计算式是:总耗料(千克)/肉鸡净增重(千克)。二要收支核算,即计算成本。每次核算要尽可能精确,这样才能算出饲养中的问题,总结出经验,为提高今后养鸡效益做准备。

第三节 土杂鸡场产品质量的
控制和产品认证

一、无公害农产品

无公害农产品是指产地环境符合无公害农产品的生态环境质量,生产过程必须符合规定的农产品质量标准和规范,有害物质残留量控制在安全质量允许范围内,其指标符合《无公害农产品(食品)标准》的农、牧、渔产品(食用类,不包括深加工的食品),经专门机构认定,获得认证证书并许可使用无公害农产品标志的产品。

无公害农产品范围较宽,这类产品生产过程中允许限量、限品种、限时间地使用人工合成的化学农药,但必须符合国家食品卫生标准。有机食品、绿色食品都属于无公害农产品,但有机食品和AA级绿色食品对农药的使用具有更严格的限制。

二、绿色食品

绿色食品概念是由我们国家提出的,指遵循可持续发展计划,按照特定生产方式生产,经专门机构认证、许可使用绿色食品标志的无污染的安全、优质、营养类食品。由于与环境保护有关的事物国际上通常都称之为绿色,为了更加突出这类食品出自良好的生态环境,因此定义为绿色食品。

为适应国内消费者需求和当前我国农业生产发展水平与国际市场竞争,从1996年开始,在申报审批过程中将绿色食品分为A级和AA级。A级标志为绿底白字,AA级标志为白底绿字。该标志由中国绿色食品协会认定颁发。A级绿色食品系指在生态环境质量符合规定标准的产地,生产过程中允许限量使用限定的化学合成物质,按特定的操作规程生产、加工,产品质量及包装经检测、检验符合特定标准,并经专门机构认定,许可使用 A 级绿色食品标志的产品。AA 级绿色食品系指在环境质量符合规定标准的产地,生产过程中不使用任何有害化学合成物质,按特定的操作规程生产、加工,产品质量及包装经检测、检验符合特定标准,并经专门机构认定,许可使用 AA 级绿色食品标志的产品。AA 级绿色食品标准已经达到甚至超过国际有机农业运动联盟对于有机食品的基本要求。

绿色食品、无公害食品未必都是绿颜色的,绿颜色的食品也未必是绿色无公害食品。产品是否是绿色无公害食品还要经过专门机构的认证。

附　录

鸡场常用消毒药和使用表

药　名	用　途	用法和用量
来苏儿	消毒鸡舍、器具。外用于工作人员的手和皮肤消毒	5％溶液用于环境、器具喷洒消毒。2％用于人的手和皮肤消毒
火　碱	杀菌和消毒作用较强,用于鸡舍、运动场、排泄物、塑料料槽、饮水器的消毒。对金属、人体和动物体有腐蚀作用	2％溶液喷洒和浸泡
福尔马林	用于鸡舍、器具、孵化器和种蛋的熏蒸消毒	每立方米空间用福尔马林28毫升加4克高锰酸钾,鸡舍和用具熏蒸24小时。也可以用福尔马林直接熏蒸
生石灰	用于鸡舍、道路、运动场、排泄物的消毒	配成10％~20％石灰乳剂喷洒消毒
漂白粉	用于鸡舍、用具、排泄物和饮用水消毒	每立方米水加10克漂白粉可用于饮用水消毒。配成5％~10％溶液用于鸡舍、用具和排泄物的消毒
新洁尔灭	用于人手和皮肤、种蛋、用具消毒。忌与肥皂和盐类混合	配成0.1％~0.2％溶液用于喷洒、洗涤消毒
过氧乙酸	用于鸡体表、用具、尸体、污染物消毒。杀菌力强,对于芽孢、真菌有一定消毒作用	配成0.2％~0.5％溶液用于喷洒、洗涤消毒

续附表

药　名	用　途	用法和用量
高锰酸钾	用于冲洗外伤和饮用水消毒	饮服0.01%～0.02%溶液可预防肠道疾病。0.05%～0.1%溶液可作为创伤或黏膜的洗涤消毒
百毒杀	用于饮用水、鸡舍、环境、用具、种蛋的消毒	0.0025%～0.005%饮用水消毒，0.015%鸡体消毒，0.05%～0.1%环境、用具消毒
农　乐	用于鸡舍环境和用具消毒	0.3%～1.0%浓度用于喷洒和洗涤消毒

主要参考文献

[1] 陈宽维.优质黄羽肉鸡饲养新技术[M].南京:江苏科学技术出版社,2001.

[2] 樊新忠.土杂鸡养殖技术[M].北京:金盾出版社,2003.

[3] 熊家军,唐晓惠.鸡高效养殖新技术[M].北京:化学工业出版社,2009.

[4] 胡友军.优质鸡养殖实用技术[M].广州:广东科技出版社,2009.

[5] 王长庚.现代养鸡技术与经营管理[M].北京:中国农业出版社,2005.

[6] 杨宁.家禽生产学[M].北京:中国农业出版社,2003.

[7] 钱建飞,等.肉鸡生产关键技术[M].南京:江苏科学技术出版社,2000.

[8] 陈伟生,李希荣.肉鸡标准化养殖技术图册[M].北京:中国农业科学技术出版社,2012.

[9] 国家肉鸡产业技术体系办公室.肉鸡出栏结构及周转规律研究[M].中国家禽,2011,34:59-70.

[10] 呙于明,齐广海.家禽营养与饲料科技进展[M].北京:中国农业科技出版社,2007

[11] 刘月琴,张英杰.家禽饲料手册[M].北京:中国农业大学出版社,2007.

[12] 徐桂芳,陈宽维.中国家禽地方品种资源图谱[M].北京:中国农业大学出版社,2003.

[13] 崔治中.兽医全攻略·鸡病[M].北京:中国农业出版

社,2009.

[14] 魏刚才,刘俊伟.鸡场疾病预防与控制[M].北京:化学工业出版社,2011.

[15] 廖云琼,康永刚.肉种鸡饲养管理技术[M].现代农业科技.2010,21:351-361.

[16] 魏刚才.土鸡高效健康养殖技术[M].北京:化学工业出版社.2011.

[17] 康相涛.养优质鸡[M].郑州:中原农民出版社.2008.

[18] 王长康.优质鸡半放养技术[M].福州:福建科学技术出版社.2010.

金盾版图书,科学实用,
通俗易懂,物美价廉,欢迎选购

术	9.00	鹌鹑高效益饲养技术	
蛋鸡蛋鸭高产饲养法		（第3版）	25.00
（第2版）	18.00	新编科学养猪手册	23.00
土杂鸡养殖技术	11.00	猪场畜牧师手册	40.00
山场养鸡关键技术	11.00	猪人工授精技术100题	6.00
果园林地生态养鸡技术		猪人工授精技术图解	16.00
（第2版）	10.00	猪良种引种指导	9.00
肉鸡肉鸭肉鹅高效益饲		快速养猪法（第6版）	13.00
养技术（第2版）	11.00	科学养猪（第3版）	18.00
肉鸡高效益饲养技术		猪无公害高效养殖	12.00
（第3版）	19.00	猪高效养殖教材	6.00
科学养鸭（修订版）	15.00	猪标准化生产技术参数	
家庭科学养鸭与鸭病防		手册	14.00
治	15.00	科学养猪指南（修订版）	39.00
科学养鸭指南	24.00	现代中国养猪	98.00
稻田围栏养鸭	9.00	家庭科学养猪（修订版）	7.50
肉鸭高效益饲养技术	12.00	简明科学养猪手册	9.00
北京鸭选育与养殖技术	9.00	怎样提高中小型猪场效益	15.00
野鸭养殖技术	6.00	怎样提高规模猪场繁殖效	
鸭鹅良种引种指导	6.00	率	18.00
科学养鹅（第2版）	14.00	规模养猪实用技术	22.00
高效养鹅及鹅病防治	8.00	生猪养殖小区规划设计图	
肉鹅高效益养殖技术	15.00	册	28.00
种草养鹅与鹅肥肝生产	8.50	塑料暖棚养猪技术	13.00
肉鸽信鸽观赏鸽	9.00	母猪科学饲养技术（修订	
肉鸽养殖新技术（修订		版）	10.00
版）	15.00	小猪科学饲养技术（修订	
肉鸽鹌鹑良种引种指导	5.50	版）	8.00

以上图书由全国各地新华书店经销。凡向本社邮购图书或音像制品，可通过邮局汇款，在汇单"附言"栏填写所购书目，邮购图书均可享受9折优惠。购书30元（按打折后实款计算）以上的免收邮挂费，购书不足30元的按邮局资费标准收取3元挂号费，邮寄费由我社承担。邮购地址：北京市丰台区晓月中路29号，邮政编码：100072，联系人：金友，电话：（010）83210681、83210682、83219215、83219217（传真）。